数学には

こんなマーベラスな役立て方や楽しみ方があるという話をあの人やこの人にディープに聞いてみた本

3

数学セミナー編集部＝編

日本評論社

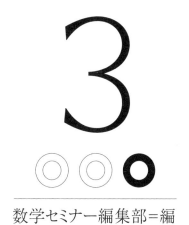

はじめに

昭和や平成の前半期頃は、各種メディアを通じて数学は「嫌い」と公言されることがよくあり、「好き」であることを表立って宣言して第一線で活動されている方は、そこまで多くはなかった印象があります。この風向きが変わってきたのは、平成も後半になって以降でしょう。二〇〇〇年代半ばより、世間で「数学ブーム」が喧伝され、「この数式(数)が美しい」とか「ビッグデータが使える!」とか「こんな意外なところにも数学が!」とか「今度は人工知能だ! チャットGPTだ!」と叫ばれ続けた結果、次第に数学愛がオープンに語られ始めたのだと思います。この流れには、当然のことながらSNSやオフ会・イベントの普及も強く関わっているでしょう。

本書のベースとなった、雑誌『数学セミナー』(日本評論社)のインタビュー連載「数学トラヴァース」、そして本書は、そのような時代背景の下に生まれました。各分野で活躍されている方々に、数学との関わりや意外な使い方、楽しみ方を思う存分に語っていただき、数学の魅力や多様性を伝えることを目指しています。数式は、ほぼ登場しませんので、数学があまり得意ではない方、お嫌いな方にもお楽しみいただけると思います。

最後にお詫びを一つ。本書の異様に長い書名についてです。どうしてこうなってしまったのかを手短にご説明しますと、連載がある程度進み、書籍化の企画を考えていく際に、短い書名ではどうしても内容を的確に表現しきれないという問題が発生しました。何日考えても解決できない……、そこでいっそのこと、あえて長くする方向に舵を切ることにしました。とても覚えにくく呼びにくいので、読者の皆様にはご不便をおかけするかも知れません。「トラヴァース本」や「マーベラス本」など、適宜略していただけますと有難いです。

本書は全3巻で構成されます。この第3巻では、実業家の川上量生氏（株式会社ドワンゴ）やクリエイティブ・グループのユーフラテスなどが登場します。ほかの巻でも、多種多様な方々が独自の数学観を語っていますので、ぜひともお楽しみください。

二〇二三年八月三一日　『数学セミナー』編集部

目次 contents

はじめに　003

1
川上量生氏にきく（実業家、株式会社ドワンゴ）
もっと社会に数学を　014
数学の原体験／プログラミングに打ち込んだら人生が狂った／ドワンゴと数学の関わり／三組の数学家庭教師とMathPower2016／川上氏からみた数学／若い人にはもっと数学をやってほしい

2
ユーフラテスにきく（クリエイティブ・グループ）
「面白い」から「なぜ面白いか」へ　033
わかって面白い／佐藤雅彦研究室のころ／現実は意外と理想的／見てもらうための工夫／ゴールのない研究会／面白さを言語化する

3
若島正氏にきく（詰将棋作家、英文学者）
抽象的思考による詰将棋と文学　052
数学と詰将棋の日々／洋書への傾倒／夾雑物を外す／問いを立てれば答えは出る／やりたいことをやる

4
鳴川肇氏にきく（建築家、慶應義塾大学）
泥臭さの産んだ世界地図　067
オーサグラフとは／ギザギザを取り除きたい／日常的な数学トレーニング／居酒屋で数学を

5
柳田理科雄氏にきく（作家、株式会社空想科学研究所、明治大学）
科学への入口としての空想科学　085
アニメ・特撮の中に科学者が溢れていた時代／勉強は挫折ばかり／「空想科学読本」の誕生／「空想科学読本」ができるまで／ビームで作る焼きリンゴ／この本に書いてある「間違い」に気づく大人になって欲しい

6
植田琢也氏にきく（画像診断医、東北大学大学院医学系研究科、東北大学病院AI Lab）
医療と数理科学の間の翻訳者として　105
医学の世界は意外と文系的／画像診断医とは？／数理的研究を行うようになったきっかけ／医療の研究はニーズが先に立つ／異分野協働はコミュニケーションで苦労する／医療画像のデータ解析における課題／臨床医療の現場で解決が求められている数理的な課題／コロナで価値観が変わり、いろいろなものが繋がりやすくなった

7
上山大信氏にきく（住職、鯉原山浄泉寺、武蔵野大学）
数学者、住職になる　121
「お寺の息子」という宿命から逃れたかった／龍谷大学の理工学部一期生／研究者には人との縁でなれた／数学者、住職になる／マルチキャリアによる生活／数学と仏教／自分をユニークな存在に

8
名久井直子氏にきく（ブックデザイナー）
数学のために美大へ　140
電話帳が愛読書／ダイヤグラムと出合う／偶然開いたブックデザイナーへの道／写真絵本と科学／美しさの背後に

9
有働洋氏にきく（LAL-LAL株式会社）
数限りなき多面体の世界　156
面が歪んだ多面体を作る／多面体を整理したい／多面体の魅力を広める／人間の認識の素晴らしさ

付録

A
建築家・平田晃久氏が語る（建築家・平田晃久建築設計事務所）
数学的発想から生まれる建築のかたち　170
ハイプレインとの出会い／数学と建築のつながり／発想の生成を手助けする数学／都市の将来像と数学

初出一覧　190

第1巻　目次

1　デザインと数学の架け橋を
野老朝雄氏にきく（美術家）

2　天地のない絵が描きたい
高野文子氏にきく（漫画家）

3　「数学をすることの意味」を求め続けて
青柳碧人氏にきく（小説家）

4　からくりと三進法と漸化式
岩原宏志氏にきく（からくり職人）

5　数式はいかに組まれるか
株式会社精興社　数式組版チームにきく

6　数学を楽しく考えてくれるだけで
松野陽一郎氏にきく（学校教員、開成中学校・高等学校）

7　気象の理論と観測の狭間にある数理
荒木健太郎氏にきく（雲研究者、気象庁気象研究所）

8　折り紙の窓から見る数学
前川　淳氏にきく（折り紙作家）

9　自動生成で広がる世界
藍　圭介氏にきく（ゲームプログラマー（当時）、北海道大学大学院情報科学研究科（当時）、株式会社スマイルブーム（当時））

付録A　「数学を勉強することの強み」とは？
数学科出身のメディアアーティスト真鍋大度氏が語る
（メディアアーティスト、Rhizomatiks Research（当時、現・アブストラクトエンジン））

第2巻　目次

1　数学をゲームに載せるには
山名学氏にきく（ゲームクリエーター、ジニアス・ソノリティ株式会社）

2　双対図形に導かれて
松川昌平氏にきく（建築家、慶應義塾大学）

3　とても似ている脚本と数学
徳尾浩司氏にきく（脚本家・演出家、劇団とくお組）

4　サッカーは人生経験がすべて活かされるスポーツ
岩政大樹氏にきく（サッカー選手・指導者、東京ユナイテッドFC（当時））

5　書店から数学を盛り上げたい
布川路子氏にきく（書店員、書泉グランデ）

6　数学的思考を活用してビジネスをより豊かに
藤本浩司氏にきく（博士（工学）、コンサルタント、テンソル・コンサルティング株式会社）

7　円周率という氷山の一角
牧野貴樹氏にきく（暗黒通信団）

8　数理造形はブドウ酒の味がする
戸村　浩氏にきく（造形美術家）

9　多面体木工という数学
山﨑憲久氏にきく（木工職人、積み木インテリアギャラリー）

付録

A　将棋、数学の魅力、そしてコンピュータ将棋の影響
数学出身のプロ棋士・広瀬章人氏が語る（棋士、日本将棋連盟、八段）

数学にはこんなマーベラスな役立て方や楽しみ方があるという話をあの人やこの人にディープに聞いてみた本

3

1

もっと社会に数学を

川上量生氏にきく（実業家、株式会社ドワンゴ）

本章で登場するのは、株式会社ドワンゴの創業者で代表取締役会長（当時、現・顧問）である川上量生氏である。『数学セミナー』での連載第一回に登場したのがこの川上氏であるが、氏と数学との関係性はとても個性的である。いったいどのようなものだろうか。

数学の原体験

▼川上氏が数学に最初に触れたのは子どもの頃、本の中でのことだった。

一か月に四十～五十冊読む本好きの子どもでした。数学の本では、素数に関するものを読んだのはおぼろげに記憶しています。子供ながらに思っていたのは、数学などの理系の本は読むのにとても時間がかかるんですよね。普通の本は二時間くらいで読んでしまうのですが、理系の本は一日で全然読めない。「消費物」というより「本と付き合う」という感じなんですよね。読んで終わりということもないので、すごく大変だなというイメージは持っていました。

▼子供の頃から理系なのかというと、必ずしもそうではないという。

物理法則など自然の仕組みにはとても興味がありましたが、経済など世の中の仕組みにも興味がありました。進路をあまり深くは考えていませんでしたが、「科学者」にはなりたかったですね。当時、クラスの中に理系好きな子が二〜三人はいて、『ニュートン』を読んでいたりするのです。そうすると、「相対性理論」や「量子論」の話になり、そこには必ず数学が出てきました。そのため「数学はやらないといけないもの」だとは思っていました。一方で当時は、それを研究する「数学者とは何者なのか」を想像するのが難しかったです。物理学者は「世界の謎を解こうとしている」と想像ができたのですが、数学者は「計算している人かな?」というイメージでした。だから「数学者」になりたいと思ったことは、人生の中で一度もないですね（笑）。

▼こんな川上氏であるが、実は進学した大学で数学を嫌いになってしまったという。

受験数学と大学数学は全然違っていて、普通の微積分の初歩的なところで、耐えきれませんでした。実数の定義などは、なんのために覚えなきゃいけないのかまったく意味が分からなかったですね(笑)。実は数学以外の大学の授業も、ほぼ出ていませんでした(笑)。僕は京都大学出身なのですが、当時は大学の授業に出ないのが当たり前の時代でした。さすがに、最近は違うようですね。

プログラミングに打ち込んだら人生が狂った

▼学生時代、趣味と実益を兼ねて打ち込んでいたのがプログラミングであった。

ＣＡＤソフトなどを別のマシンに移植する仕事を、たとえば百〜二百万円で個人で受託したりしていました。出来高払いで仕事をしたこともあったのですが、「ステップ単価」といって、プログラムの難易度に応じてコード一行あたり六十〜百円の報酬が貰えるシステムでした。これが本当に割のいいバイトになりました(笑)。

僕が入ったあるプロジェクトは、納期を一か月すぎていて炎上していました。現場で一番優秀なC言語のプログラマだといって紹介された人が、printf[*1]も知らなかったのです。これはチョロいと思いましたね。それまでの僕は、とにかくプログラムを一行にできるだけ詰め込みコメントも残さない、読みにくいけど高速に動作する無駄のないプログラムが格好いいと思っていたんです。でも、ステップ単価の仕事を始めてから、人間が読みやすいようにインデントもきれいにやって、コメントをとても丁寧に入れるようになりました。だって、コメントを入れるだけでも一行で、お金が貰えるんですから（笑）。

とにかく現場のプログラマのレベルが低かったので、すでにあるプログラムの出来もひどいんですよ。八千行ぐらい無駄に長い関数がゴロゴロあった。僕が書き直すと百行以下とかになるんです。でも、これじゃお金が儲からない（笑）。途中からデバッグだけやって、Perlの原型みたいな言語を使って八千行のプログラムの変数名などをリネームしたりするだけの短いスクリプトを書くことにしたのです。スクリプトで八千行のプログラムを変換すると新しい八千行のプログラムがすぐできる。これで八十万円です。こんなのでいいのかと思ったのですが、現場が現場なので僕の書いたプログラムくらいしか動かないから感謝されました（笑）。だから、週末だけ働いても月収が百万円を超えるので、学生時代の親からの仕送りは途中からなしでやっていけました。

この仕事が美味しすぎたので、お金にならない趣味のプログラミングが馬鹿らしくてできなくなったのだけが残念でした。プログラマとしての堕落です（笑）。

▼その後、どうしてドワンゴを立ち上げたのか。実は、そこには大学卒業後に就職した会社の倒産があった。

就職した会社では企画をいろいろ立ち上げて、新規ビジネスをいくつも成功させたので、倒産しても、いろんな会社からヘッドハントが来るだろう、と信じていたのですが誰も来ませんでした（笑）。それに

＊1　C言語のごく基本的な関数で、文字列の出力に関する関数。

腹を立てて、つい起業してしまったのです。僕は、他人のお金でギャンブルができるので、本当はサラリーマンしかやるつもりがなかったんですけど。

▼その後の、川上氏の活躍については、読者の皆さんも知るところではないだろうか。一九九七年に「オンラインゲーム専門のゲーム会社」としてドワンゴを設立の後、携帯電話の着信メロディの配信で急成長を遂げ、二〇〇六年に動画共有サービス「ニコニコ動画」をスタート〔図1-1〕。動画に視聴者からのコメントが付けられる機能が人気を集め順調に経営を拡大。二〇一四年にKADOKAWAとの経営統合が発表されたニュースは、各種メディアで大きく報じられた。

ドワンゴと数学の関わり

▼インタビューを行った二〇一六年頃、ドワンゴでは「電王戦」「人工知能研究」という、数学とも関係した取り組みを行っていた。どのようなものかを紹介したい。

電王戦

▼ドワンゴは将棋の棋戦である「電王戦《でんおう》」(旧・将棋電王戦)」「叡王戦《えいおう》」を日本将棋連盟とともに主催している〔図1-2〕。これは、プロ棋士(叡王戦の優勝者)とコンピュータ将棋のプログラム(「将棋電王トーナメント」の優勝プログラム)が対決をするイベントで、ルールや形式を少しずつ変えて、二〇一二年よりスタートしたものである。*2 開催までの

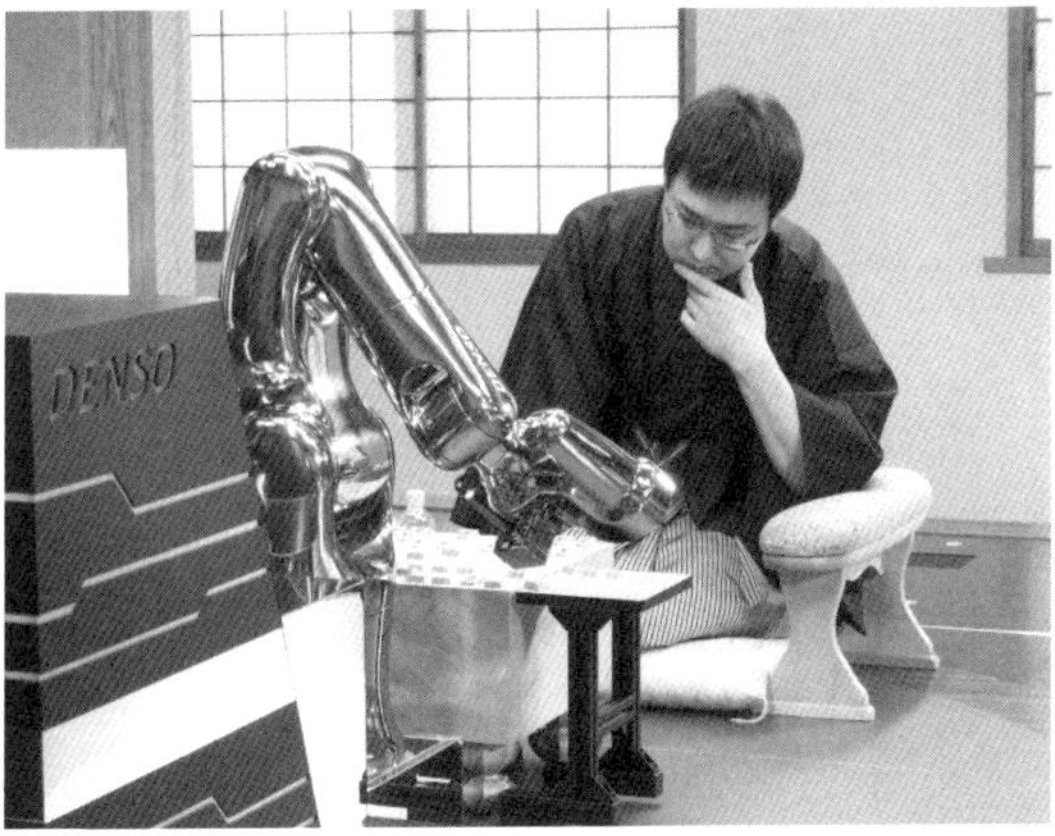

図1-1　「ニコニコ動画」は図のような形で動画にコメントが付けられる動画共有サービス［画像提供：株式会社ドワンゴ］

図1-2　第1期「電王戦」第1局ponanza vs 山崎隆之氏の対局風景(2016年4月9日〜10日)［写真提供：株式会社ドワンゴ］

＊2　開催の詳細については、小谷善行「コンピュータ将棋の進展と電王戦」(『数学セミナー』二〇一三年八月号)などもご覧ください。

経緯は意外と複雑である。

将棋のタイトル戦は、本来であれば新聞社が主催するので僕らが入る余地はなかったんだと思うのです。ところが最近は、将棋界を新聞社だけで支えるのが難しくなっています。本来は将棋界にとって歴史的なビッグイベントである電王戦に、お金を出すところがまったく現れなかったのです。そこで困った将棋連盟から、たまたまドワンゴに話がありました。最初は、僕らがやるのはおこがましいと思っていたのですが、当時の将棋連盟会長の米長邦雄さんのペースに僕らがどんどん巻き込まれていき、途中から覚悟を決めたということです。

米長会長の構想では、一年間に一人ずつ五年をかけて対決する計画でしたが、コンピュータ将棋側の人が反発しました。「五年もかけては将棋ソフトの進化が停滞してしまう」と、記者発表の当日の控室で大もめだったのです。居合わせた僕が「一年でまとめてやったらどうですか、うちもその費用を負担しますから」という提案をして、五対五の電王戦の試合形式が決まったのです。

▼どうして、コンピュータ将棋に興味を持ったのだろうか。それには、読書好きという背景がある。

僕はSFが好きなのですが、「人類は機械生命体などの別の生命体を生み出すための過渡的な生き物である」という世界観は、SFファンの間で一般的です。人類が滅んだり、歴史の主役から降りたりする過程は、今までに小説やテレビゲームなどで、さまざまな物語として描かれてきました。想像の世界だけでなく、現実世界でも、一九九七年にチェスでガルリ・カスパロフがスーパーコンピュータ「Deep Blue」に負けた、という出来事がありましたが、その歴史の波が将棋の世界にもやってきたということです。

表1-1　過去の「電王戦（将棋電王戦）」の戦績

2016	二番勝負	山崎隆之 叡王	0—2	ponanza
2015	五番勝負（団体戦）	プロ棋士	3—2	コンピュータ
2014	五番勝負（団体戦）	プロ棋士	1—4	コンピュータ
2013	五番勝負（団体戦）	プロ棋士	1—3（1持将棋）	コンピュータ
2012	一番勝負	米長邦雄 永世棋聖	0—1	ボンクラーズ

この戦いは誰が考えてもいずれ人間が負けるので、それを受け入れていく過程でしかないと思うのです。十九〜二十世紀の文学は、新しく現れた近代国家という大きな価値観のなかで、個人が押しつぶされていく葛藤と悩みが最大のテーマだったと思います。二十一世紀の文学は機械に置き換えられる人間がどういうふうに生きるべきか、みたいなものが新しい大テーマで、電王戦がそのはじまりになるんだと思いました。電王戦をそういう「物語」として伝えるのは社会的な意義があるし、そうであれば、他の企業よりもドワンゴがやったほうが正しく伝えられる。そう、思ったのです。多くの人がこのイベントに共感したのは、「電王戦」は棋士だけの物語ではなくて自分たちの物語でもあると思ったからです。「機械に負けていく人間」というのは人間全体のテーマですから。

▼二〇一二年から開始された電王戦であるが、二〇一六年時点では、表1-1のようにコンピュータ側が優勢と

なっている。川上氏は、将棋でコンピュータが「人間を超える」というのは、ただ単に計算力を上げるだけではないと指摘する。

コンピュータは人間よりも遙かにたくさんの局面を読むことができます。しらみつぶしに読めば人間が気がつかない「良い手」を発見できるのは当たり前です。それをもって「人間を超えた」というのは、部分的にしか正しくありません。羽生善治さんは「将棋は強くなるほど、読む局面数が減る」と発言されています。これは人間の棋士において正しいそうですが、実はコンピュータも同じです。実際、チェスも将棋も囲碁も、プログラムが強くなるほど読む局面の数は減っていて、たとえば、Deep Blueの時代は一手につき約八千万局面を読んでいたのに対し、電王戦の将棋プログラムはだいたい約四百万局面、アルファ碁では約二十万局面です。要するに、無駄な局面は読まなくなっています。

でも、まだまだ、人間よりも多い局面数をコンピュータは読んでいます。つまりまだまだ人間のほうが「読み」の精度と能力は圧倒的に高いのです。ただし、コンピュータは力尽くで人間の一万倍、十万倍、百万倍の局面を読みますので、最終的な正解にたどりつく確率が人間よりも高くなったというだけなんですよね。だから、より低性能のコンピュータで、かなり精度の高い近似解を出している人間のほうが、「情報処理をするプログラム」としては、はるかに優秀だと思います。

人間とコンピュータの比較は、そういう計算量も含めたところで条件を合わせて評価をしないとフェアではないと思います。まあ、ディープラーニングを使ったアルファ碁などは先は読まずに「直感」だけで打っても、もはや素人は勝てないレベルに達しているんですけど。

▼インタビュー収録から約二か月が経過した二〇一七年二月二二日、「第2期電王戦」の詳細を発表する記者会見が行われ、川上氏により「単純に(同じルールの上で)将棋プログラムと人間の優劣を競う電王戦」は、今回をもって終了することが発表された。名人のタイトルを保持する佐藤天彦叡王とponanzaの世紀の一戦は四月一日と五月二〇日に行われ、0勝2敗でponanzaが佐藤叡王を下し、棋士とコンピュータ将棋の戦いの幕を閉じた。*3

人工知能研究

▼ドワンゴは二〇一四年に人工知能を研究する組織を立ち上げている。その理由は、先述の電王戦と、子どもの誕生が大きかったという。

人工知能の進展は少し先だと思っていたのですが、電王戦を行う過程で予想以上に進んでいることが分かってきました。人工知能がどうやって人間界に入り込んでいき、人間を追い上げていくのか、それを知りたかったのです。

もう一つの理由は子どもです。僕には、いま二歳の娘がいるのですが、眺めていると汎用のディープラーニングマシンにしか見えないわけです(笑)。「機械学習でいえば、こういうことに相当することをしているな」と考えるのが楽しかったですね。

*3 なお「叡王戦」については、電王戦終了後も続けられており、ドワンゴは第5期(二〇二〇年度)までスポンサーを続けた。

▼人工知能の研究を行って何をしたいのか。それは、クリエイティブ分野への活用であるという。

今まで、人間の「直感」と「センス」は、神秘的なイメージでごまかされて説明されてきました。「論理」はコンピュータが得意で人間はそれに勝てないと思い込んでいる一方で、「直感」まではコンピュータに再現できないと思っていたわけです。でも、現在のディープラーニングによって、人間の直感がどういう機構で働いているのかがほぼ解明されてしまった、というのが現実だと思います。これはすごいことだなと感じました。音声認識や自然言語処理などは世界中で何百チームという規模で研究されていますが、それをエンターテインメントやクリエイティブとくっつけるのは、学術研究の本質ではないので、実験的にはやられても、それほど真面目に研究されない分野だと思っています。また、エンターテインメントはジャンルが細分化されているので、たとえばGoogleのような大きい組織一つだけではカバーしきれないテーマは必ず残ります。僕らのようなちっぽけな会社にもフロンティアは残っている。そういう仮定で挑戦しているのです。

▼『数学セミナー』では過去に「数学者の仕事が人工知能に取って代わられるか?」という問題を何度か取り上げてきた。[*4] 川上氏はこの疑問に対し、「数学者と理論物理学者の仕事が人工知能に取って代わられるのは、すべての職業の中で最後であろう」と語る。

先ほど直感と論理の話をしましたが、人間が行う情報処理のなかで「ある論理体系を生み出す」という作業がいちばん難しい。それを機械が行うようになったとき、人類のおしまいですね(笑)。最後の砦になるのは間違いないでしょう。

▼人工知能が行き着いた世界は、どのようになっているのだろうか。

ＳＦ作家が書き尽くしてますが、「歴史の主役としての人間の役割がなくなる」ということで、これは今でも段階的に起こっています。たとえば、「東ロボ君」[*5]は二〇一六年一一月に東京大学の受験を断念したのですが、恐ろしいことに、教科によっては人工知能とはいえないような、意味を理解しないでパターン認識で可能性の高い解答を確率的に選んでいるだけのアルゴリズムにも、世の中の受験生の半分以上は負けているのです。

人間の「知性」だと認識されているもののほとんどは「人間の中」に存在しているのではなく、「社会の中」に存在しているのだと思います。偉大な数学者であっても、専門外のことは少し聞いたり調べたりしないと分からないですよね。社会の中には今まで人類が築き上げてきた膨大な知識の蓄積が存在して、人間の知性とはそのほんの一部を一時的にキャッシュしているのにすぎないのだと思います。もちろん社会に蓄積された知識は人間の知性の共同作業の産物ではありますが、だからといって、知性が

＊4　たとえば、中村滋＋高瀬正仁「［対談］数学の来し方、行方」（二〇一四年二月号、『数学史の小窓』（日本評論社、二〇一五年）所収）、「コンピュータにできる数学・できない数学」（二〇一五年一一月号・特集）、田上真「ＡＩに数学はできるか?」（二〇一七年一月号）など。

＊5　国立情報学研究所が中心となって、二〇一一年に立ち上げたプロジェクト「ロボットは東大に入れるか」において、研究・開発が進められた人工知能の名称。東京大学に合格できるだけの能力を身につけることを目標としていた。

個々の人間に属しているると主張するのは、多細胞生物の主人は個々の細胞のひとつひとつであると主張するようなものだと思います。もはや人間とは別の生物だと考えたほうがいい。そもそも社会システムなんてものも人間ではありません。資本主義などの社会制度も、人間を素子として自律進化している独立した生命体だと考えてもいい。実際、現代社会は個々の人間がもはや制御できるようなものではなくなっています。人工知能が支配するまでもなく、いまの人間は社会システムの中で生きていて、それをコントロールできていない。人工知能が人間に取って代わる世界というのも、そのときの社会システムは、一つの人工知能ではコントロールできないものである可能性は高いんじゃないでしょうか？

一方で、現在、人工知能の応用分野として研究が盛んなところには画像認識や音声認識、自然言語処理があります。これは要するに人工知能に人間が行っている情報処理のインターフェイス部分を代替させる技術の研究ということだと思います。みんなが想像するのは、こういった研究が進んで「人間が行うコミュニケーションを全部、機械がやり、人間が不要になる未来」が実現してしまうことでしょう。たしかにそれも起こり得ると思いますが、そもそも機械同士がコミュニケーションするときに人間の言語などに依存する必要もないわけですから、機械同士のコミュニケーションが増加して人間が介在しないネットワークが拡大していく、ということを先に心配したほうがいいと思っています。

三組の数学家庭教師とMathPower 2016

▼川上氏は現在、日常の業務の傍ら数学の勉強をしているという。なぜ、そのように思い立ったのだろうか。

大学生の頃から、何冊か読もうと思っていた数学の本があり、休暇のときに読んでいました。海外旅行へ行っても遊びに行かないで、ビーチでずっと数学の本を読んでいたのですが全然読み進められないのです。結局、大学を卒業してから読破した数学の本は三〜四冊しかありません。今までは、あらゆるものを独学で勉強してきたのですが、数学だけは無理でした。これでは埒が明かない、誰かに教えてもらえば早く読めるかなと、二〇一六年の正月にようやく気づいたのです（笑）。

▼「だれか教えて欲しい」とTwitterでツイートをしたところ、すぐに人は集まった。一人は数学科の院生、一人は数学を愛するあまり、勤めている会社を退社して数学を勉強し直している「三十歳ぐらいの無職に近い人」、そして、「すうがくぶんか」という数学塾である。当初は一人（一組）に絞ろうと思っていたという川上氏。しかし、三人とも個性的で面白そうだったので、内容を変えて全員から教わっているという。

三十歳ぐらいの人には「リーマン予想」とは何を言っているのかを教えてもらっています。相談の結果、まず「複素解析」をしっかりやった方が良いということで、八月まで勉強しました。そして、一〇〜一一月はリーマン予想への準備ということで「ベルヌーイ多項式」と「ガンマ関数」をやりました。いよいよ再来週あたりから、リーマン予想に迫るための「ゼータ関数」へ入っていくわけです。

院生の人はいちばん若いのですが、彼の授業は本当にわけが分からない（笑）。テキストを使わずに、彼が思いついたことをホワイトボードに書いて説明するのですが、どんどん話が飛躍するのです。もともとは数論の入門的な話からスタートしたのですが、途中で突然「群論」をやりたいと言って、「本当は無限群をやりたいけれど、時間が足りないから有限群だけにしましょう」ということになりました。さらにその途中から、「やっぱり表現論をやらなきゃ」とどんどん脱線していくのです。来週からは「相対論」をやるという話になっています(笑)。最初に表現論を教えてもらったとき、三時間の授業で教わった内容のノートを教科書に買った本と照らし合わせてみたのですが、だいたい教科書一冊分ぐらいの内容でした(笑)。院生の人の授業はこんな感じなので、別の先生に、院生の人からもらったノートの解説の授業を別途やってもらったりしています(笑)。でも、その院生の先生の話は面白いんですよ。好奇心が刺激されます。

すうがくぶんかさんには、三~四人で教えてもらっています。ドワンゴに来てもらい、社員も参加の希望を募ってゼミ形式で勉強を行います。「線形代数」をやって、そのあと「微分幾何」の入門書をやって、それが先週終わりました。次から真面目に「多様体」をやろうという話になっています。

▼社内で行うゼミは、「数学を何かに使う」目的ではなく、純粋な興味でやっているという。

ドワンゴでエンジニアとしてどうせ必要になる知識を勉強するのはやめようということにしています。社内でアンケートを取ったら、みんな「圏論」をやりたがりました。線形代数や圏論まではギリギリ許すことにしましたが、仕事に直結するような確率・統計、ビックデータ、機械学習の勉強はここではやめよう、という話をしています。

図1-3 『MathPower 2016』の模様（2016年10月4日〜5日）［写真提供：株式会社ドワンゴ］

▼二〇一六年一〇月四日、五日には「アスキードワンゴ」と「すうがくぶんか」が共催する、三十五時間の数学イベント『MathPower 2016』が六本木・ニコファーレで開催され、「ニコニコ」でも生中継された［図1-3］。開催するきっかけは何気ないことであった。

すうがくぶんかの人たちとの世間話で、大人向けの数学塾をやっている団体が「大人のための数学教室 和《なごみ》」と「すうがくぶんか」の二つあり、「すうがくぶんか」は「和」に水をあけられている、というのを聞きました。「和」が行っている『ロマンティック数学ナイト』というイベントが話題になっていたので、「応援するから何かイベントをやりなよ」というところから始まった企画です。最初は会場を貸すぐらいの話だったのですが、すうがくぶんかは社員が少なくイベント経験もありません。途中ですごく心配になって手助けしていくうちに、ドワンゴのイベントみたいになってきました（笑）。KADOKAWAが配給しているラマヌジャンの映画『奇蹟がくれた数式』の試写会をやろうとか、話がどんどん大きくなり、最終的に「和」さんにも企画を半分協力してもらうことになりました。あれ、これは何のために始めたんだっけ？（笑）。結果的に大成功でよかったです。数学が盛り上がればそれが一番ですから。

川上氏からみた数学

▼このように、日々数学を勉強している川上氏であるが、数学の現状や周辺分野を見渡して、どのようなことを感じているのだろうか。

昔から思うのは、コンピュータサイエンスって、もちろん数学とも関係が深いのですが、ともすれば、実験科学みたいになってしまうんですよね。確固とした理論から演繹されて答えが導きだされるのではなく、「なんだかよく分かりませんが、こうしたらうまく行きました」という感じで、ノウハウに依存する傾向があるんです。もうちょっと理論的にやってほしいなって、いつも思っています。

▼もう一つ感じているのは、数学の知識をもっと活かせる仕事を創出したいということである。

昔は数学でお金を稼げない印象がありましたが、今やＩＴや金融で、お金になるようになっています。でも、そこでやっていることは何かと言えば、数学をする人の能力のほんの一部を使って、魂を売るような仕事であることが多い。もっと、数学のちゃんとした知識を使えるような仕事が社会全体にできたらいいと思いますし、作らなければいけないと思っています。お金の計算だけでは、あまりにもったいないないのです。僕らはＩＴ企業なので、もう少し頭を使ってできるようなエンジニアリングの手法やサービス開発手法を開発したいです。エンターテインメントだけど、その背後には数学的な知識が無駄に使ってある、そういうものを企画していきたいですね。特にＣＧやゲームだと、世界全体のシミュレーションがテーマになり得るので、いろいろな数学を使う余地が残されているのではないかと思います。

若い人にはもっと数学をやってほしい

▼最後に読者へ伝えたいこと、それは若い人にもっと数学をやってほしい、ということだと語る。

もっとたくさんの人、特に若い人に数学を勉強してほしいし、『数学セミナー』も小学生くらいから読まれる日本であってほしいですね。ドワンゴもそうなのですが、ＩＴ企業に入社する人は意外と数学的な知識がなかったり、数学への志向性が低い人たちが多く、むしろ数学が苦手な人が多数派なのです。これは、日本の将来を考えるとどうなのかと心配になります。まして、経営者や文系的な職種は、数学的素養がゼロの人がほとんどです。
三十歳ぐらいの先生は、僕以外に小六と中二の二人の生徒がいて、どちらもとても優秀なんです。中二の生徒は「数学検定」の一級を最年少で合格した子なんですけど、娘もそういうふうに育てたいんですよね。二歳の娘がどうしたらそう育てられるかは未解決問題です(笑)。

［二〇一六年一二月八日談］

川上量生

かわかみ・のぶお

1968年、愛媛県生まれ。京都大学工学部を卒業後、ソフトウエアの専門商社に入社。同社倒産後の1997年に、PC通信用の対戦ゲームを開発する会社としてドワンゴを設立。2000年より代表取締役会長、また、2015年よりカドカワ株式会社代表取締役社長も務めた。現在は、株式会社ドワンゴ顧問、株式会社KADOKAWA取締役などを務めている。

2

ユーフラテスにきく（クリエイティブ・グループ）

「面白い」から「なぜ面白いか」へ

本章では、グループ「ユーフラテス」にご登場いただく。ユーフラテスの名前をご存じない方でも、ユーフラテスが制作に関わった数学を感じさせる作品を、きっとどこかで目にしたことがあるだろう。たとえば、NHK Eテレ（NHK教育テレビジョン）の子供向け番組『ピタゴラスイッチ』の種々のコーナー、身近に数学的な曲線が現れることを伝える映像作品『日常にひそむ数理曲線』（小学館）などだ。

ユーフラテスのメンバーである山本晃士《こうじ》ロバート氏（写真右）・佐藤匡《まさし》氏（同左）を築地の事務所に訪ね、作品制作の発想などについてお話を伺った。

左｜図2-1 『0655』『2355』は、2010年よりNHK Eテレで放映されている「日本人のリズムをつくる」番組。タイトルのとおり6時55分と23時55分に始まる。[©NHK／ユーフラテス]
右｜図2-2　ピタゴラ装置。『ピタゴラスイッチ』の人気コーナーで、さまざまな物理的な機構を含む「装置」のなかをビー玉などが動いていき、ゴールに辿り着く映像作品。[©NHK]

わかって面白い

佐藤　ユーフラテスでは現在、Eテレの番組『ピタゴラスイッチ』『0655』『2355』〔図2-1〕の制作をしています。それ以外に年一本、特番『ピタゴラミングスイッチ』を半年くらいの期間をかけて作ったり、『コんガらガっち』（小学館）という絵本を子供向けに作ったりしています。

山本　『ピタゴラスイッチ』は、NHKのディレクターの方が取り仕切り、佐藤（雅彦、東京藝術大学名誉教授）が監修を行っています。私たちは番組の各コーナーの企画と制作を行っています。一方、『0655』『2355』はそれとは違い、基本的に構成までユーフラテスでやっています。

▼『ピタゴラスイッチ』の人気コーナー「ピタゴラ装置」もユーフラテスが制作している〔図2-2〕。

佐藤　年に二回、NHKのスタジオを四日ほど借りて、

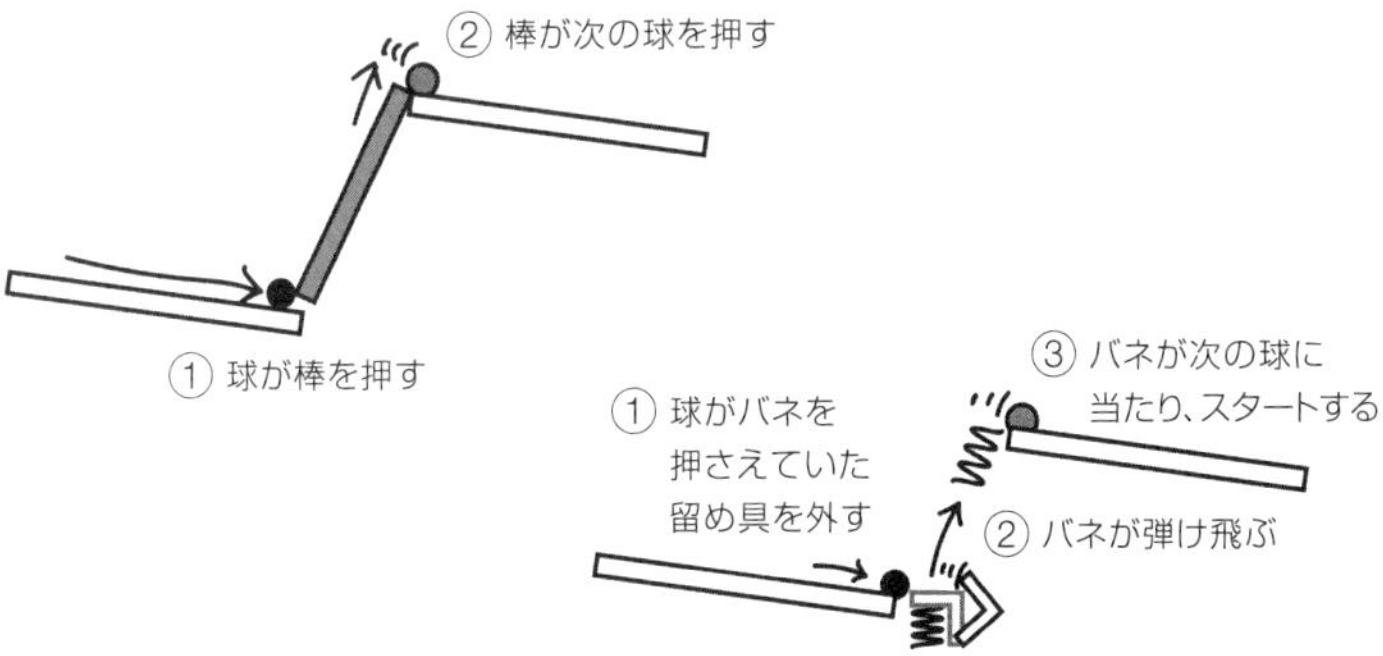
② 棒が次の球を押す
① 球が棒を押す
③ バネが次の球に
当たり、スタートする
① 球がバネを
押さえていた
留め具を外す
② バネが弾け飛ぶ

左｜図2-3 ①と②が同時に起こるので、見ている人が目で追えなくなり、動きを見失ってしまう。
右｜図2-4 ①、②、③が順番に起こるので、見ている人はスムーズに動きを追うことができる。

そこで装置を作って映像を撮っています。装置はとにかく「何が起こっているかわかる」ように気をつけています。たとえば、装置ではたいてい重力を使って物を動かすのですが、ときどき高い位置に運動を連続させたいことがあります。ある高さで玉が転がっていったあと、その数十センチ上部にある玉を続けて転がしたい。そうするには、間に長い棒をひとつ立てておいて、最初の玉が棒の下部を押し、それにつられて棒の上部が次の玉を押すようにすればよいのですが［図2-3］、それでは運動が「ワープ」して、わかりにくい映像になる。だから、ぜったいにそういうことはさせず、何か別の物が下から上に動いて運動を連続させるようにする［図2-4］。目で追うだけでわかるように、気をつけて作っています。

山本　「装置を作るのは大変ですね」とよく言われますが、装置自体ではなく装置を撮った映像が最終目標なので、見た人が「わかる」映像に撮るのに苦労しています。

佐藤　わかって面白い、というのが『ピタゴラスイッチ』のどのコーナーにも通底します。

山本　なんでわかったときに面白いのでしょうね。

佐藤　それは不思議だよね。

佐藤雅彦研究室のころ

▼『ピタゴラスイッチ』などの番組を監修しているのは、クリエイターの佐藤雅彦氏。電通に勤めていたころに制作した『ドンタコス』や『バザールでござーる』などのテレビコマーシャルでも有名だ。ユーフラテスのメンバーは、慶應義塾大学環境情報学部の佐藤研究室の卒業生である。

山本　佐藤の研究室に入ったのはほぼ偶然です。大学では、最初はコンピュータのインタフェースなどを研究したいと思っていたのですが、ちょうど佐藤が学科に赴任してきて、「研究会を始めます、希望する方は試験を受けてください」という張り紙が出ました。当時は佐藤のことはぜんぜん知りませんでした。コマーシャルを作っているひとなんだな、とそこで知ったくらいです。ためしに試験を受けてみたら通ったので、行ってみたら面白く、それがそのまま続いてしまっているという感じです。

入研試験には、算数の試験と表現の試験がありました。算数は「台形の面積を求める公式を自分のことばで証明してください」というような問題でした。佐藤には、大学で研究室を作るにあたって、「多少数学的なバックグラウンドをもっている学生を集めたほうがよさそうだ」という予感があったそうです。

表現の試験は、「あなたしか知らない、個人的に面白いと思っていることを書いてください。なぜそれが面白いかを言語化してください」といった問題でした。そのとき私が書いたのは、ドアノブを回す方向の話です。ふつうは（右利きなら）右回りに回すと思うのですが、私はずっと左に回していたのです。でも、レバーハンドルは右回りなので、これは基本的に右回り設計なのではないか、とかなり後になって気がつき、私以外のみんなは右に回していたのかと衝撃を受けた。世の中と乖離した手順を追って事を済ませている状況はたくさんあるのではないか、という話を書きました。この試験はほとんどみんな×なのですが、私の答えは、△をもらいました（笑）。

初回の入研試験は、十五人を採るところに二百人くらい集まってきました。それをぜんぶ採点して十五人を選抜したそうです。その基準は杳として知れません（笑）。

▼研究室では、佐藤氏の出す課題に対して作品を提出する。

山本　「概念から表現を作る」ということをやっていました。わかりやすい例でいうと、「レイヤーという考え方で作る」という課題。二枚の透明のシートに、

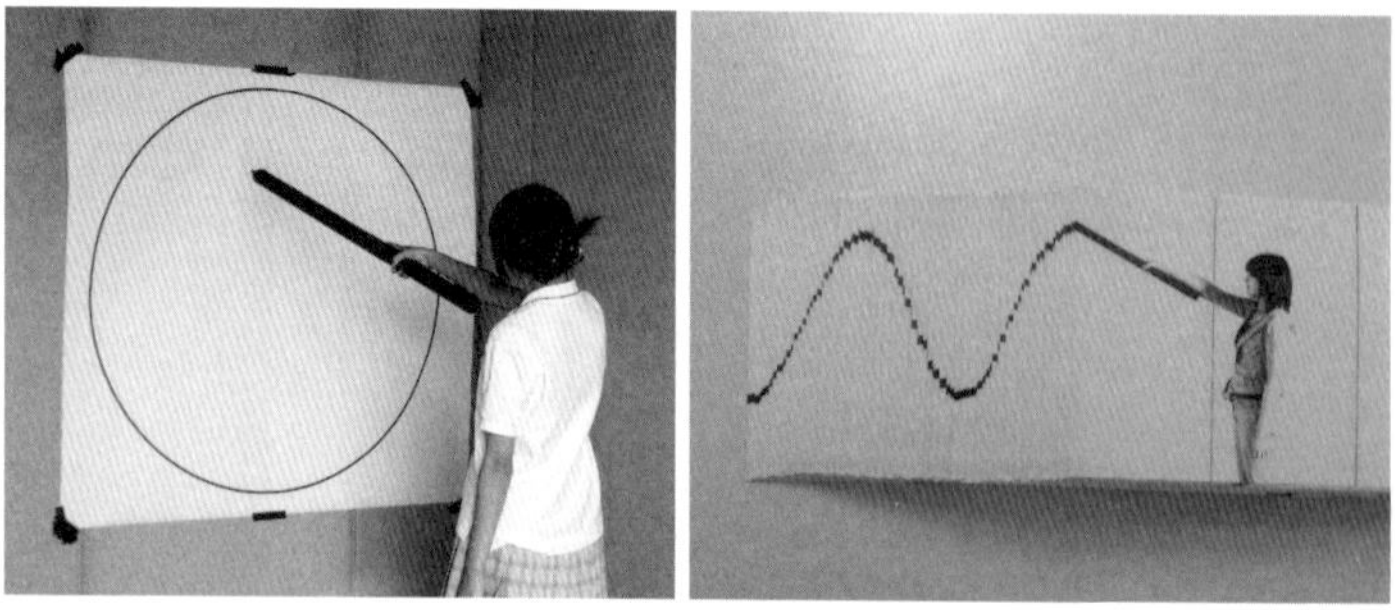

図2-5　山口情報芸術センターで佐藤研究室が行ったワークショップの様子。黒い棒を、壁に描かれた円を指すようにして回す。その映像をパラパラ漫画にすると、サインカーブが小口に現れる。[写真提供：山口情報芸術センター[YCAM]]

油性ペンで絵を描いて重ねると、絵を合算して見ることができます。「この考え方に則って面白い表現を作ってきてください」というものです。あるいは「点と線だけを使ってアニメーションを作ってください」といった課題もありました。技術的なことはぜんぜん教わりませんでした。

佐藤　パラパラ漫画の課題では、私はリアルな落下運動をするアニメーションを作ろうと思いました。パラパラ漫画を書く紙の束の小口をぐっと斜めにずらして、そこに放物線を描きます。紙一枚一枚の小口側に点々が見えることになりますが、この点をページの内側に移動させると、点がリアルに落下運動するパラパラ漫画ができる。こういう企画を出したところ、佐藤に「こうしたほうが面白い」と言われました。ビルの上からボールを落とします。それをビデオで撮るのですが、ただし、画面からギリギリ切れるくらいのところでボールが落ちるように撮る。一画面ごとにプリント

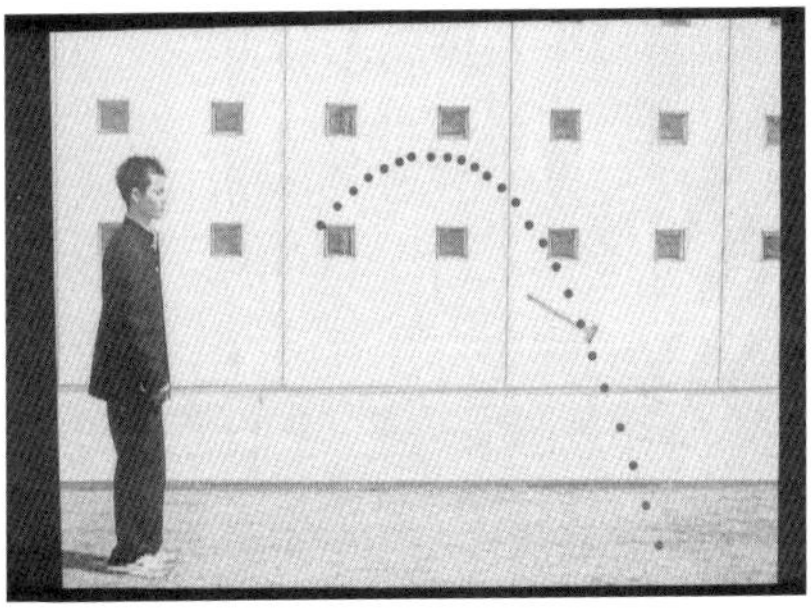

図2-6　放り投げたトンカチの重心（柄の付け根近くの部分）の動きをシールで記録していくと、きれいな放物線が浮かび上がってくる。［写真提供：山口情報芸術センター［YCAM］］

アウトしてパラパラ漫画にすると、ボールが落ちるパラパラ漫画ができますが、ボールは端にあるので、小口をぐっとずらすと、そこにすごく綺麗な放物線が現れるのです。

山本　物理演算シミュレーションがない状況でも、物理運動したものを撮影して、それをパラパラ漫画にすると、やけに生々しいリアルな動きが見えます。佐藤研究室がやった高校生向けのワークショップで、こういうものがありました［図2-5］。黒い棒をもって、壁に描かれた円を指すようにして回します。それを真横からビデオカメラで、棒が切れるくらいギリギリのところで撮って映像にして、それをパラパラ漫画にすると、棒の軌跡が縮退して見えてサインカーブが生まれる、というものです。棒を回す高校生からすると、サインカーブを描いている意識はぜんぜんないのに、真横から見た映像を通して実際にサインカーブが現れる。みんな驚いていました。

佐藤　ほかには、トンカチを投げるワークショップを行いました。まず、重心に印をつけたトンカチをグルグル回転するように放り投げ、その様子をビデオに取ります。そのビデオをコマ送り再生し、重心の位置をシールで記録していきます。すると見事な放物線が表れます［図2-6］。自分で貼っていくと感

図2-7『日常にひそむ数理曲線』の一場面。東京タワーの影の先端の軌跡が双曲線になる。

動がひとしおです。「本当にあるんだ」という感じがします。トンカチに従って貼っていっただけなのに、きれいな線が出るのは高校生でも感動します。

山本　自分でやっていることなので、自分に嘘がつけないですからね。

佐藤　「こんなにきれいになると思わなかった」という感じですよね。「投げたものは、放物線になっていると言われるけど、実際はちょっと違うんじゃないの」という気持ちがどうしてもありますから。

山本　「本当にそうだったのか!」と。

現実は意外と理想的

▼このような、身近なところに現れる数学的な曲線をテーマにした映像作品が『日常にひそむ数理曲線』である［図2-7］。総監修を佐藤雅彦氏が、制作をユーフラテスが担当している。

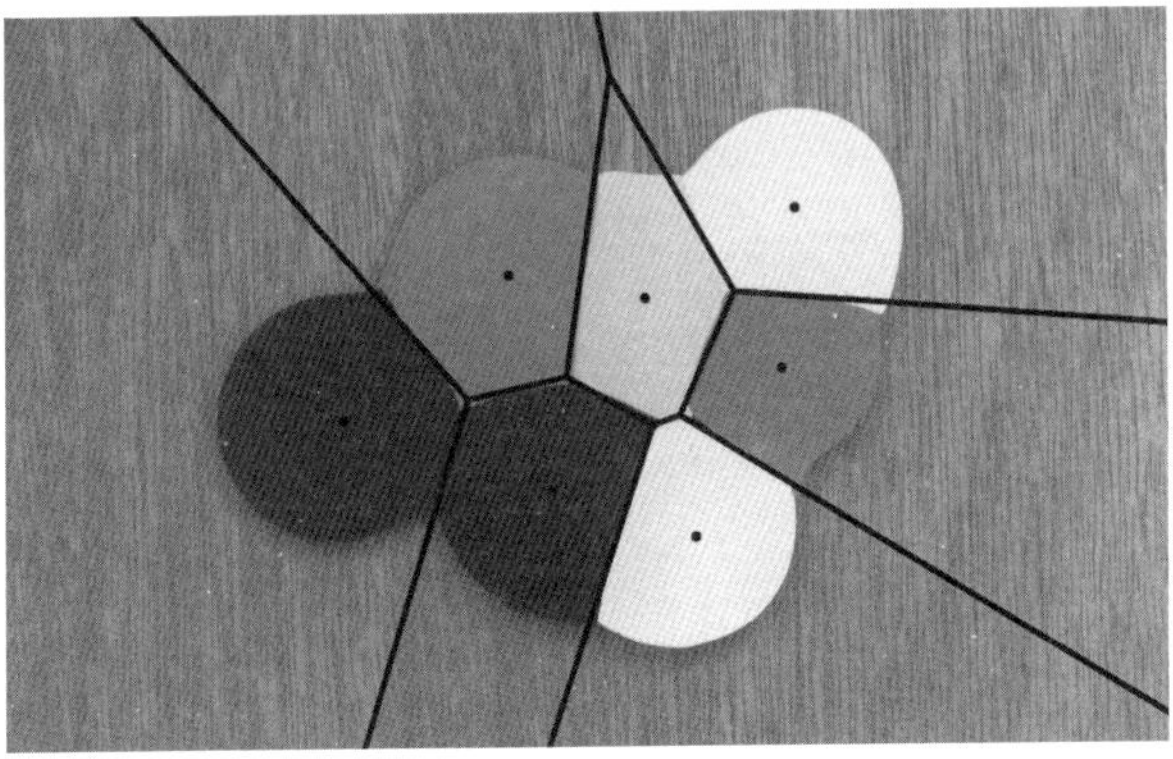

図2-8　2017年の『大人のピタゴラスイッチ』の一場面。2枚のガラス板の間に絵の具を何色か挟んで押し付けると、ボロノイ図が現れる。絵の具の位置を別の紙に写し取ってボロノイ図を描けば、結果が予測できることも解説される。[©NHK]

佐藤　『日常にひそむ数理曲線』の制作で、コンピュータ上で実際の映像に曲線を載せる作業をしていても、本当にぴったり合うのです。

山本　作っていて面白かったですね。

佐藤　たとえば、子どもがブランコを揺らしているところを撮っているだけなのに、そこから綺麗にサインカーブが出ます。「出るんじゃないかな」と思って処理してはいるのですが、本当に出ると「本当なんだ」と(笑)。

山本　サインカーブをコンピュータで描いて、コピーして伸ばすと本当にピッタリ合うので、「本当だったんだな」と感動がありました。

▼NHKの番組でも、同じような感動を生む映像が制作されている。二〇一七年一月に放映された『大人のピタゴラスイッチ』では、ガラス板と絵の具を使ってボロノイ図が描かれた[図2-8]。

山本　二枚の板の間に絵の具が広がる様子を子どもの

ときに見て、目に気持ちのいい感じがずっと心のなかにくすぶっていたのですが、それを使うとひょっとしたらボロノイ図ができるのではないか、ということに番組を作っている途中で思い至りました。

佐藤　絵の具をギュッと押すとああいう模様ができることは、みんな何となく知っていると思います。ボロノイ図になることも知っているひとはいるでしょう。でも、あそこまで予測できるとは信じていないのではないでしょうか。私たちは現実が意外と理想的にできていることを学んでいて、それで作品が作れているのかもしれません。

▼『大人のピタゴラスイッチ』では数学がしばしば扱われる。題材を数学の書籍から探すことも多いそうだが、映像にするうえでの苦労もあるという。

山本　ユーフラテスのみんなで本を読んで数学の問題や概念を勉強すると、面白くていちいち盛り上がるのですが、それをテレビで見せようとすると困ってしまうことがあります。テレビでは「絵で見て理解できる」ものを作らないといけません。

佐藤　「これは本じゃないと伝わらないよね」という題材は多いです。数学の問題は、自分で本気で考えるのが面白いのですが、テレビの前の人は、その場では考えてくれません。でも、本で読めば、反芻できて、自分のペースで進むことができる。メディアの違いについてはよく考えます。
山本　私たちはアイデアを表現するとき、それが一番伝わりやすいメディアを選ぶようにしています。「この考え方は映像にするのは難しいけれど、本に書いたら面白い」と思ったら、本のコラムに書く。テレビでは映像にして面白いものを集めて番組にしているので、たとえば、ある分野の全トピックひとつひとつを映像化してくださいと言われたら、難しいものも出てくるでしょう。

▼逆に、映像の強みもある。

山本　ドップラー効果のよくある説明図がありますよね［図2-9］。高校で習ったときにぜんぜんわからなかったのですが、あるとき、これを頭のなかでアニメーションで再現できたのです。それでようやくイメージとしてわかり、「アニメーションで見せてよ」と思いました。それをやってくれたら人生で四時間くらい無駄にしなかった（笑）。

そのときは自分が映像を作ることになるとはまったく思っていませんでしたが、映像やアニメーションにすると一気に理解が進むことがあるのだな、と思ったことを覚えています。

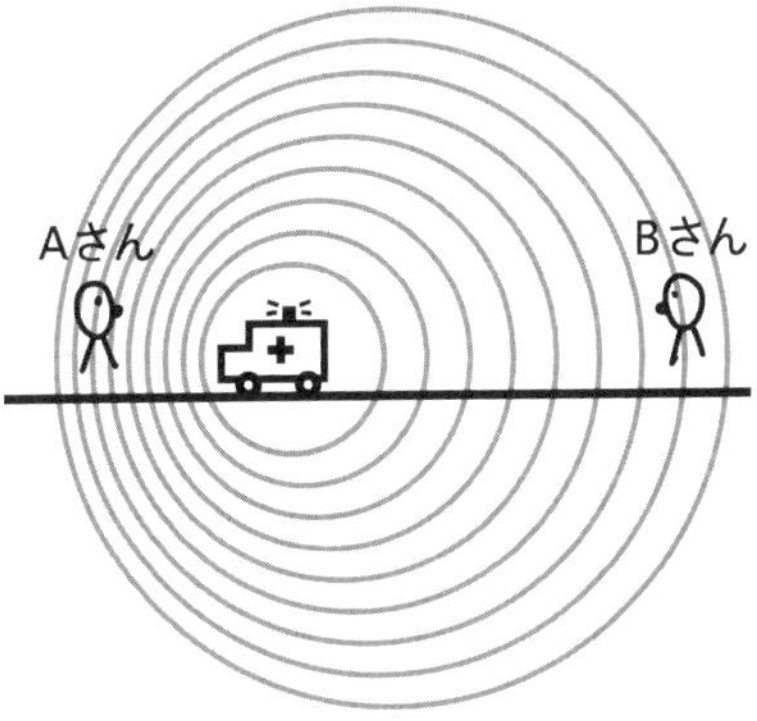

図2-9　ドップラー効果の説明図。これを頭の中でアニメーションさせたときに、一気にイメージが掴めたという。

図2-10　2015年の『大人のピタゴラスイッチ』内のコーナー「現れる数理」の一場面。アームと2対の車輪がついた車がある。アームの形を決めたあと、2本の車軸がアームの先端の方向を向くように調整する。車を走らせると、アームの先端がまるで何かに固定されているかのような奇妙な走り方をする。[©NHK]

見てもらうための工夫

▼もちろん、題材は本から探すばかりではない。二〇一五年放映の『大人のピタゴラスイッチ』に登場した「現れる数理」を例に語る［図2-10］。

佐藤　これは、「Omni Tracker」という撮影機材から発想したものです。カフェオレのテレビコマーシャルで、コーヒーにぽつーんとミルクの滴が落ちる様子を、カメラでその周りを回って撮る、という演出がありますよね。カメラをOmni Trackerに載せれば、きれいな円形を描いて回るので、ミルクの滴のような、一点を注視しつつ回り込むような映像を録ることができます。数学をうまく使った製品だといえますが、それをより露わにする映像を考えたのです。

もちろん、ただカフェオレの周りを回るだけでは数理が含まれることが伝わりません。「アームの先端が、まるで縫い留められたかのように空中に固定される」という演出を思いついたことで、表現として成立させることができました。

山本 そこを私たちは「ジャンプ」と言っています。表現にジャンプがあると、目を惹くものになってみんな見てくれるので、どうにかジャンプをしようといつも頑張っています。

▼表現する手法自体にも着目し探求している。

佐藤 一九九〇年代に、音楽のプロモーションビデオの映像手法で、ある処理をかけた映像を撮ってから、それに対して逆処理をかける、というものが流行りました。

最初はスパイク・ジョーンズの作品で、人の動きを逆向きにした映像をまず撮り、それを逆再生する、というものでした。そのあと出てきたものとしては、曲の速さを上げたり下げたりしながら歌い、そのさまをビデオに撮る。その映像をあとで編集して、曲の速さを普通に戻す、というものもあります。すると、口は歌に合っているのに周りの動きが早くなったり遅くなったりする。

そういうふうに、撮るときにある関数をかけておき、あとで逆処理をかけてもとに戻す、という手法です。

山本 表現手法が丸出しになっているのですね。スパイク・ジョーンズが「こういう仕組みで映像を作ったら、いままで見たことのないものができる」と考えて撮り、見る側もその手法がわかって面白い。映像を作るときには、ストーリーラインを作り、誰を出すか、どういう色合いにして画面を設計するか、と考えるのがメジャーな作り方だと思いますが、私たちは佐藤(雅彦)の影響もあって、いつもまず映像

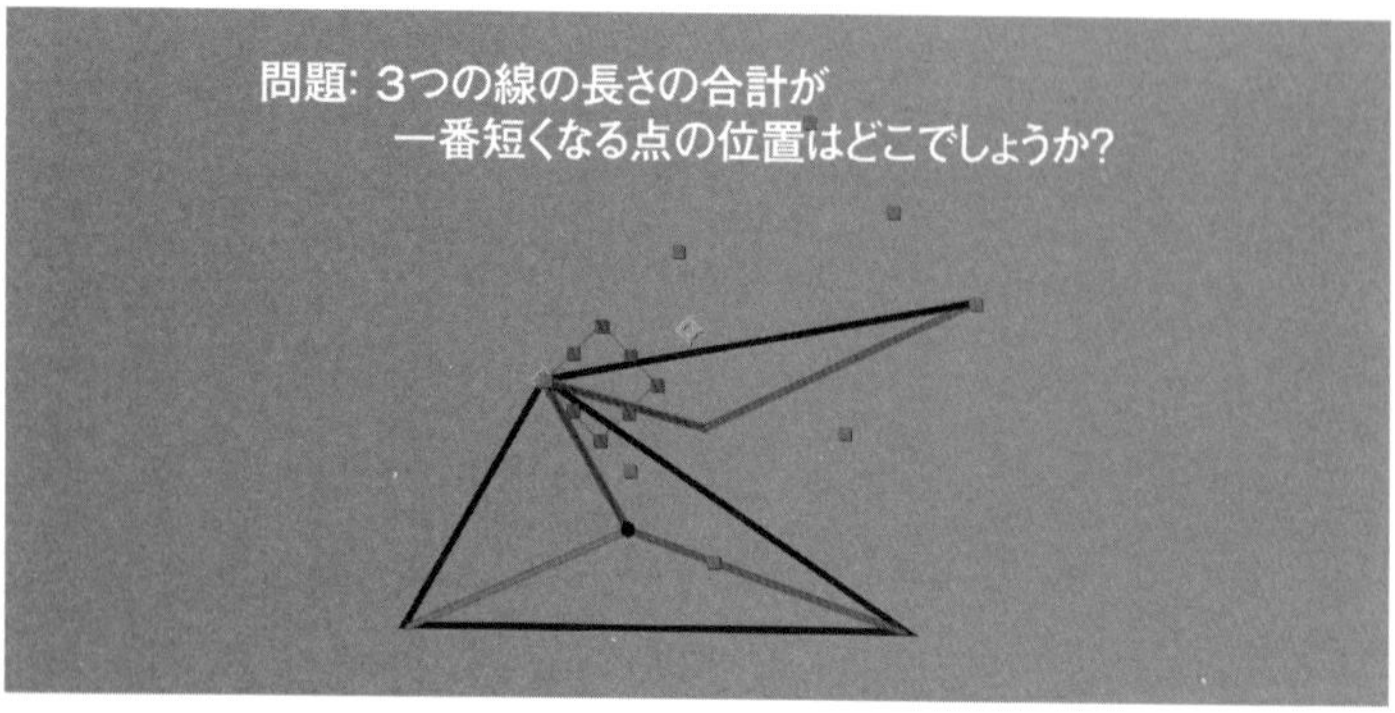
問題: 3つの線の長さの合計が
一番短くなる点の位置はどこでしょうか?

図2-11 「電子黒板」の手法によるテスト段階の映像。三角形の三頂点からの距離の和が最小となる点はどこか、という問題の答え(フェルマー点)を、電子黒板の手法で解説したもの。非常にわかりやすいが、「テレビで放映しても興味をもってもらうのが難しい」ため世に出てはいないという。

の手法から考えることが多いのです。

佐藤　いま、「電子黒板」のような手法に注目しています[図2-11]。何かを説明するときに、パソコンの上で作業をしながら説明し、それをそのままスクリーンショットで撮る、というものです。そうすると、途中で打ち損じなどの失敗も起こるのですが、それを含めて本当に説明されている感じがする。

スポーツニュースのサッカーの解説で、リプレイしながら線が手描きで描かれて、ボールや人の動きを説明するものがありますが、あの線が汚いことが重要です。あれが綺麗になっていると、その人がリアルタイムで説明しているのではなく、準備されたものになってしまいます。ライブで説明するさまを撮るだけで、ちゃんと作るよりもなぜか目が離せなくなるものができるのです。

ゴールのない研究会

▼ユーフラテスのなかでは「研究会」が行われている。メンバーが純粋な興味からあるテーマについて探求し、それを内々に発表する場だ。

佐藤 研究会では年に数回、そのときに興味があるテーマについて調べて発表し、それに反応をもらいます。発見があって面白いです。

山本 私はずっと「ポカヨケ」をテーマにしています。これは部品工場で使うことばです。たとえば、リモコンのボタンを作って取り付ける工場で、ボタンを取り違えてつけてしまう、というミスがあります。再生ボタンを本来つけるところに早送りボタンをつけてしまったりする。そういうとき、ボタンを取りつける穴の形を変えれば、そもそも間違ったボタンが取りつけられないからミスが起きない。こういう、工場で起きそうなミスの物理的な防ぎ方がポカヨケです。面白いと思って、何かに活かせるかはわからないまま研究会で発表していたのですが、最近ようやくこれが形になりました。電子黒板の手法を使って、ポカヨケの面白さを『2355』で説明したのです。研究会はゴールを設定しないでそれぞれが勝手に発表する場所なので、こうして世に出ることは珍しいです。

佐藤 私は「実験デザイン」について研究しています。たとえば、エスカレーターの手すりと階段は同期しているように見えるけれど、長さは同じなのか。どうすればそれを調べられるか。単純な方法ですが、階段と手すりの同じところに印をつけて、しばらく観察します。実際にやってみると、エスカレーターが一周する間に印が一メートルくらいずれます。手すりのほうが長いのです。「印をつける」という実験方法は、どこかでやったことがあっても、いろんなところでバラバラに教えられていて、系統立っては教えられていないと思います。

山本　実験方法が優れている、という意識で教えられていないですよね。

佐藤　物事を明らかにするその方法がすごい。印をつけるという当たり前の手法でも、それ自体に注目すると面白いと思います。

山本　こういうものは、私たちにとっては面白いと思っているのですが、今後どうなるかは本当にわかりません。世には出ないかもしれない。

佐藤　まとまらないと意味がよくわからないですよね。

面白さを言語化する

▼作品に結びつかないかもしれない題材が、ユーフラテスにはたくさん溜まっている。

山本　このあいだ雪が降ったあと、夜遅く家に帰る途中、いつも通っている道で、マンホールのところにだけ雪が積もっていないことに気がつきました。そのとき「あ、このマンホールは暖かいんだな」とわかりました。ほかほか暖かいということが雪によってはじめて可視化されたのです。これは面白いなと思って写真に撮りました[図2-12]。これも、ここから直接何かが生まれることはないかもしれません。

でも、気になったり面白いと思えたりするのはなぜかを、なるべく一度言語化します。さらに、映像的にいい表現方法が見つかれば、『ピタゴラスイッチ』のコーナーにできないかな、という気持ちになるかもしれません。

『ピタゴラスイッチ』には「考え方を伝える」という巨大なテーマがあり、それに即したコーナーでないとNGです。単に面白いだけだと、「これはどういう考え方なのですか」という点が問われてしまうのですが、面白いと思ったことについて、なぜ面白いかを検証していくと、「裏側にこういう考え方がありました」となることが多い気がします。

図2-12

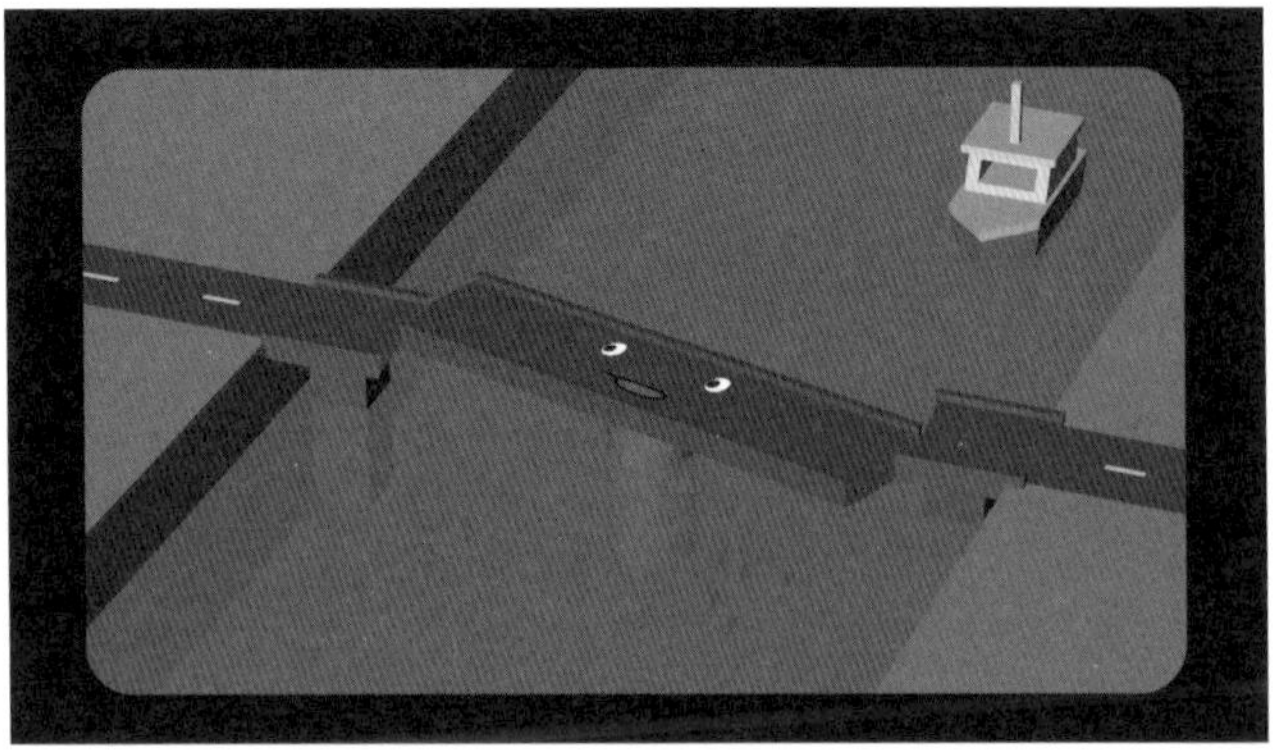

図2-13 『ピタゴラスイッチ』のコーナー「そこで橋は考えた」。船が通れるようにするための橋の機構にさまざまなものがあることを、アニメーションと実際の橋の映像とで説明する。［©NHK］

▼その例として、「そこで橋は考えた」というコーナーがある［図2-13］。

佐藤　このコーナーは、いろいろな橋があるというのを知ったときに思いついたのですが、その面白さの奥にある考え方は、「試行錯誤」ということだろうと思います。ひとつの問いに対していろいろな解があることがありますよね。このコーナーで、橋もその場所でそれぞれに考えて解を出している、というのがわかるのではないかなと考えています。

山本　橋を見て「面白いな、ふーん」と思って保存しておくだけだと落ち着きません。「なぜこれが面白いのか」と考えて自分なりに答えが出ないと、もやもやするのです。テレビを観ている子どもたちにも、「面白い」と思っただけで納得してほしくない。映像を作るときには、できれば「どうしてこれが面白いのか」まで考えてほしいなと考えています。

［二〇一八年一月三〇日談］

ユーフラテス

EUPHRATES

独自の「研究活動」を基板として活動しているクリエイティブ・グループ。2005年活動開始。現在のメンバーは6名。映像・アニメーション・書籍・グラフィックデザインなどを通した表現の開発やメディアデザインに取り組んでいる。近年の活動に、NHK Eテレ『Eテレ2355・0655』『ピタゴラスイッチ』『考えるカラス』の映像制作等。

3 抽象的思考による詰将棋と文学

若島正氏にきく（詰将棋作家、英文学者）

本章では若島正氏にお話を伺う。若島氏は、数学科出身の英文学者・翻訳家であり、しかも詰将棋作家として長らく第一線で活躍されている。特異な道を歩まれている氏に、思い出や思考法などを縦横に語っていただいた。

数学と詰将棋の日々

▼数学も詰将棋も、出合いは小学生のころだった。

私は一人っ子で、「与えられた問題を解いて、答えを見て合っていることを確認する」、そういう感じが好きでした。小・中・高では数学オタクで、高校生のときは、『大学への数学』（東京出版）と『数学セミ

ナー』を定期購読して「エレガントな解答をもとむ」に応募したり、図書館に開館と同時に入って本を読んだり。とくに、『数学から超数学へ――ゲーデルの証明』（白揚社）や『ガロアの生涯――神々の愛でし人』（日本評論社）には感激しました。そのころは本当に、詰将棋と数学さえやっていればご飯がいらない、という感じでした。

▼詰将棋は、小学校高学年の頃から、解くだけでなく作ることも始めていた。

それには理由があって、ある詰将棋の本に、詰将棋作家のエッセイが載っていたのです。そのひとは病院にいて、お医者さんから、熱が出るから詰将棋を作ってはいけないと止められている。だけど作りたい。そう書いてありました。当時は、詰将棋は問題があって解くものだと思っていたのですが、詰将棋を作るひとがいるらしい。当たり前のことなのですが、ぜんぜん気が付かなかった。しかも、命がけで作っているらしい。「これはどういうことなんだろう」と思ったのが、詰将棋を作り始めたきっかけです。そのひとの気持ちは、その後よくわかるようになりました。

▼それに対して、数学者についてのイメージはなかなか湧かなかったという。

私は数学の問題を解くだけのひとだったので、数学者はどういうものなのかわからないまま理学部数学科に進みました。数学ばかりやっていたから、数学者になる以外の将来展望が思いつかなかったのです。詰将棋作家になるというのも意味がわからないですからね。儲かるわけじゃないから（笑）。

「エレガントな解答をもとむ」には当時もやはり一松（信）先生が出題されていたのですが、私が京都大学に入った頃に応募した問題の解説記事の中で、若島正氏は京大に入学されたらしい、みたいなことを書いてくださいました［図3-1］。その問題自体は誰が解けても不思議じゃないくらい易しい問題だったのですが（笑）。

▼しかし数学科では挫折を経験する。

大学生のときに数学から落伍してしまいました。当時の京大は、いまのように学生が授業にちゃんと出る大学ではなく、私も四年間ほとんど出席しませんでした。じっさい、大学四年間は理学部ではなく将棋部にいたようなもので、将棋ばかり指していました。授業に行かないとにかく時間がありますから、そのころ始めた読書と映画鑑賞にも圧倒的な時間を使ってしまいました、数学の方はほとんどやってないに等しい。

今でも覚えているのは、群論の授業でのことです。テキストの問題を解いていく形式でした。受講者が私を入れて二、三人しかいなかったのですが、あるとき授業に行ったら私しかいなくて、担当の先生が「君は何をしに来たのですか」と言うので「問題を解きに来ました」と答えたら、「授業に出る暇があったら勉強しなさい」と言われちゃった（笑）。それは正しいんですよ。大学はそういうところで、自分でかってに勉強する学生しかものにならない。自分で勉強する人間はすごくよく勉強している一方、私みたいな、よそのことばかりやっている人間は見事に落ちこぼれてしまいました。

▼周囲に自分より数学ができるひとを見つけたことも、数学から遠のく要因のひとつだったという。

単純に言うと、将棋の世界とよく似ているのです。将棋には奨励会というのがあり、地方の優秀な子どもたちが集まって競い合いプロに上がっていく。地方ではそれなりに強い子も、そこに入ると、同じくらいの歳、あるいは自分より歳が下の子に、自分より強いやつがいるとわかってしまう。自分が食われる側だとわかる。そこそこ実力があると、自分の力がこれくらいというのがわかるのです。

20 通の解答をいただいた．内わけは，10 代 6, 20 代 8, 30 代 3, 40 代 2, 50 以上 1 であった．大半は毎号おなじみの「常連」で，みなよくできていた．

この問題は，Lanczos(ランチョス)の ‘Applied Analysis’ に，証明なしに書かれている命題で，たいしてむずかしくはない．もっとも簡明な解は京都市・若島正氏（今回京大に入学された由）のものであろう．F'/F を展開して

$$\frac{F'(t)}{F(t)}=\sum_{i=1}^{n}\frac{1}{t-a_i},$$

$$\frac{1}{t-a_i}=\sum_{k=1}^{n}\frac{{a_i}^{k-1}}{t^k}+\frac{{a_i}^{n}}{t^n(t-a_i)}$$

に注目すると，

図3-1『数学セミナー』1971年7月号の誌面。「京都市·若島正氏（今回京大に入学された由）」とある。

洋書への傾倒

▼有り余った時間に読み始めた洋書が、職業を決めることになった。

大学一回生のころに、洋書のペーパーバックの小説を読むことを覚えました。なんでも同じですが、覚え始めはやはり面白くて、圧倒的な時間を費やしました。

なにせ高校生のときは数学オタクで、それ以外の科目にはほとんど興味がない……というのは言いすぎですが、英語はとくに苦手でした。大学入試のときはどうしようかなと思ったくらいです。そんな人間が大学に入って、一回生のとき、教養の文学の授業で先生が取り上げていた小説を一回読んでみようと思い立った。夏休みにペーパーバックを買って読んでみたら、辞書を引かずに読めたのです。アメリカの黒人作家リチャード・ライトの、*Native Son*という四百ページくらいある小説です。「おっ」と思いました。読めたのには理由があって、それが黒人英語で書かれていたこと。私が高校生までにしつけられていた「これが英語」という英語とは違っていた。高校生の頃は、英語というのはひとつしかなく、富士山みたいに登るのがその勉強だと思っていたのですが、そうではなかった。あちらにもこちらにもたくさん山があり、ひとそれぞれに英語があるのです。

そのころ読んだ本に、「どんな外国語でも、その言語で三千ページ読んだらスタートラインに立てる」と書いてありました。この言葉はいまだに信じています。詰将棋でもそうなのですが、一定量をこなすと、それが頭の中のデータベースとなって、そこでレベルが上がる。量が質に転化する瞬間があるのです。それでは、とアガサ・クリスティを読み始めました。クリスティは一冊が百五十ページから二百ページくらいで、わりとやさしい英語で書いてある。二十冊読んだら三千ページなので、一回生のときにかんたんに達成できて、いちおうスタートラインに立ちました。そして、以前の数学と同じように、はまってしまいました。

▼洋書の読書に関しては、数学科のゼミで先生に言われたことにも影響されているという。

ゼミでは数学基礎論をやっていて、教わっていたのは計算機構論の高須達《さとる》先生でした。すごくいい先生で、私のようなヤクザな人間にも親切に対応してくれました。当時、ゲンツェンが流行っていたのですが、高須先生に言われた言葉をいまでも覚えています。「若島くん、ゲンツェンを読むんだったら、原語のドイツ語で読んだほうがいいよ。書いたひととお話ができるから」というのです。今でも翻訳はあまり読みません。ゲンツェンをじっさい読んだかどうかは朧になっていますが、高須先生の言葉はなにか今に影響している気がします。

▼数学科を出てからは、三年間高校教師をしていたが、大学に戻ることになる。

定時制高校に数学教師として勤めていたのですが、

英語の免許もとろうかなと思ったのです。数学と英語を両方教えるのは面白いかもしれないと。よく考えるとあまり意味がないのですけどね。それで大学院に行って文学をやりました。その後けっきょく、神戸大学に三年勤め、それから京大に移って定年まで勤めることになります。

夾雑物を外す

▼大学に勤めだしてからも、詰将棋はずっと作り続けてきた。

世の中はふつうは自分が思ったとおりにはなりませんが、詰将棋については、自分が思ったものがそのとおりになるのです。自分の経験上、最初に思いついたアイディアは百パーセント実現できます。けっこう途方もないことを考えても、論理的に矛盾していなければ、かならず実現できる。

▼アイディアを盤で実現するときは、しばしば抽象的に考えるという。

将棋の駒は、金とか銀とかそれぞれに実体がある。数学で言えば「23」といったそれぞれの数みたいなものです。その一個一個に手触りがあるわけですが、それを全部無視して、ロジックの骸骨だけを考える。最初に夾雑物《きょうざつ》を外して考えれば、どうしたらいいか見えてくるのです。「あなたの話は難しいから、もっと抽象的に喋ってください」という数学者の言葉がありますが、すごくよくわかります。

一例ですが、詰将棋で「後出しジャンケン」という戦略があります。「打診」とも言います。簡単に言うと、先手が後手に「グー・チョキ・パーのどれを出しますか」と尋ねる。後手が出したのを見たら、

「では私はこれを出します」と言う。そういう戦略です。いま言ったのは先手が打診する場合ですが、後手が打診する作品もあります。それならば、「先手も後手もこの同じ戦略を使ったときに、どういう作品ができるか」ということを考えました。そうするとこうなります。まず後手が「あなたはどっちにしますか」と打診する。そのときに先手が、「では私はグーを出します」などと手を見せてしまうと、後手に「だったら私はパーを出します」という具合にされて詰まなくなる。だから、打診された瞬間に

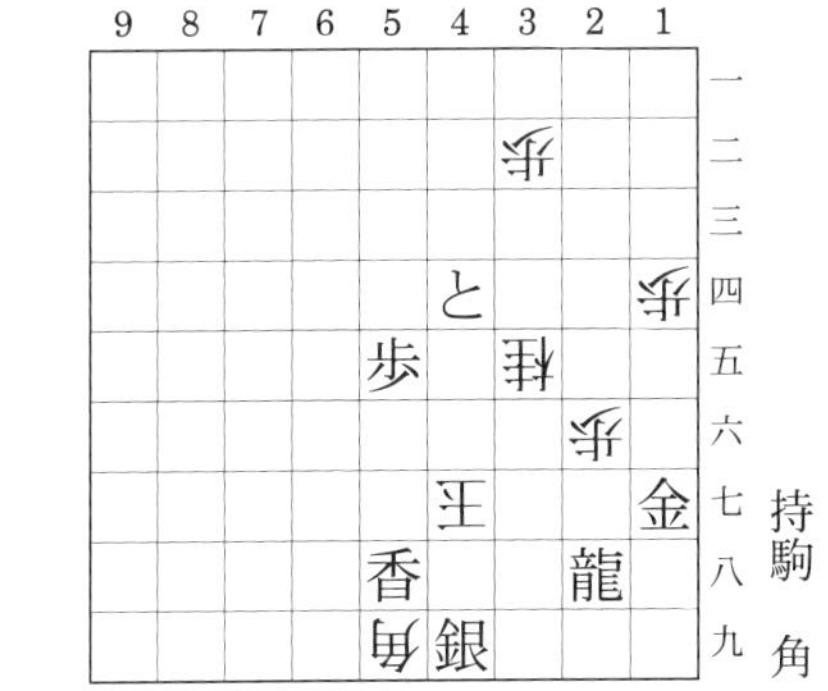

図3-2　先手と後手が打診を両者で行う、というアイディアを具体化した作品。初出は『詰将棋パラダイス』2018年5月号。『盤上のフロンティア』にも収録されている（第50番）。

先手も「ではあなたはどっちを出すんですか」と打診する。これで作品ができるなと思ったのです。ここまでは、何も駒を使っていない。単なるロジックだけの問題です。これを実現しようと考えたところ、さほど無理なくできたのです［図3-2］。やはり、思っているとおりにできるのです。

▼紙の上の盤に抽象的な記号を書きながら考えることもある。

ある手を指すと、その指した効果がずっとあとになって現れる。そんなことを考えます。もし局面Aでその手をやらなかったら、局面Bはこうはならなくて詰まなくなる、といったことです。最近自分がよくやる

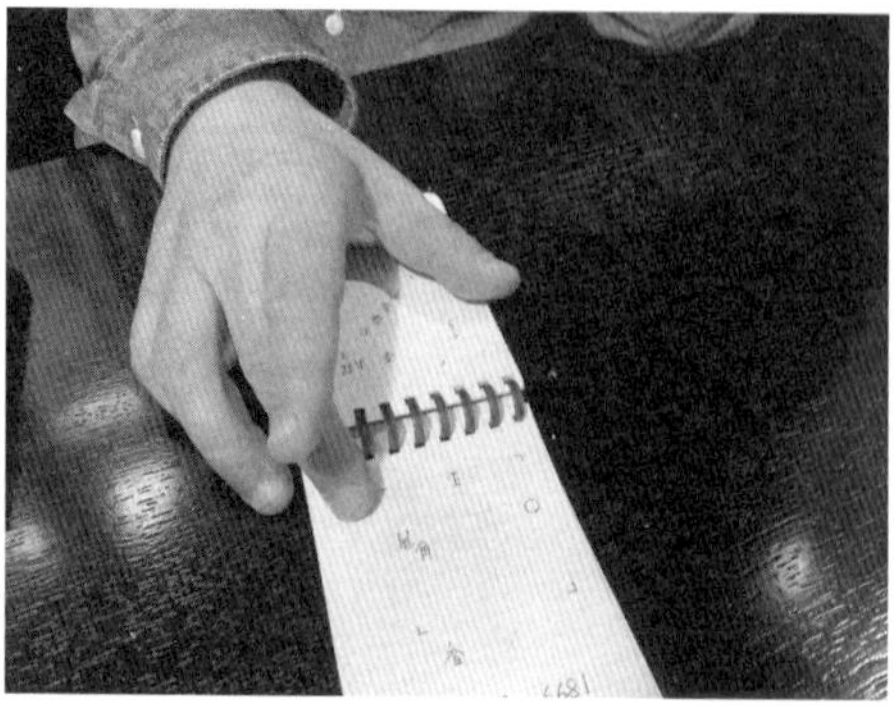

右｜図3-3　若島氏の詰将棋創作ノート。示されているのは、夾雑物を排した「概念図」で、これを具体化することで実際の作品となる。
左｜図3-4『盤上のフロンティア』(河出書房新社、2019年)。帯文を寄せているのは藤井聡太氏。

作り方では、とりあえず将棋盤の9×9のマス目に、局面Aでの玉の位置と、局面Bでの移動後の玉の位置を描き［図3-3］、そこにAからBに玉が移動する最短経路を描きます。すると玉を通すために配置するコマがぼんやり見えてきます。これで作品はほとんどできたようなものなのです。

最近『盤上のフロンティア』［図3-4］という詰将棋の作品集を出したのですが、そういう理論的な図をたくさん載せています。将棋をやっている普通のひとが見たら、「これは何が書いてあるんだ」と思うでしょう。

ロジックを考えるとか、夾雑物を外すとか、詰将棋作家でこういう考え方をするひとはあまりいません。それには理由があって、詰将棋は頭を使わなくても作れるのです(笑)。かってに手が動いて作れる。じっさい私でもそうやって作りますから、それはそれでかまいません。ただ、最初からやりたいことがあるときには話は別です。

問いを立てれば答えは出る

▼若島氏は、その文学研究にもどこか数学的な雰囲気がある。

いま専門にしているウラジーミル・ナボコフという作家は、自分にいちばん近い作家かもしれないと感じています。それは理由があって、ナボコフはチェスプロブレム（チェスの世界での詰将棋にあたるもの）を作っていたのです。

最初にナボコフを読もうとしたときは、ぜんぜん読めませんでした。普通の意味では面白くないのです。私はふつうの小説読みですから、お話が面白いものを当然面白いと感じます。いままでいうエンターテインメント系の、ミステリやSFなどです。そういうものを読んできた人間からすると、ナボコフは最初はぜんぜん面白くない。ところが大学院にいたときにナボコフの小説が一冊読めて、それから突然はまってしまいました。一年ほどの間にナボコフの作品をひととおり読んでわかったことは、ナボコフは特殊な作家で、ふつうに読むと面白くないのだけれども、読んでいくと、ゲームの遊び方というか、「その小説をどう読んだらいいか」が作品のなかに書いてある、ということです。読めば読むほど、どうやって遊んだらいいのかよくわかる。非常に不思議です。

ナボコフの小説を読んでいて「これってどういうことだろう」と問いを立てる。そうすると、だいたいその問いの答えが小説のなかに見つかるのです。そもそも、ふつうに小説を読んでいて、問いを立てるということはそんなに多くない。さらにいうと、その答えが見つかるということも多くない。ところがナボコフは特殊で、問いを立てると答えが転がっているのです。意図的にそういうふうに書かれているるると思います。

たとえば、ナボコフの小説には"for some reason(何らかの理由で)"という言い方がよく出てきます。「理由はよくわからないが」、ということです。有名な小説『ロリータ』でも、語り手のハンバート・ハンバートが「よくわかっていないが、こうした」と言う。しかし、ハンバート・ハンバートにはわかっていないが、小説の読者には、探せばその理由がわかるようになっているのです。そう思って読むと答えが見つかります。

詰将棋が、発想さえあれば必ず作品になるように、「これってどうなのかな」という最初の問いが大切なのです。

▼新しい技法を探求するナボコフの姿勢にも共鳴するという。

ちょうど昨日、ナボコフの二作目の長編『キング、クイーン、ジャック』を読んでいて、興奮して眠れませんでした。ドイツの夫婦のところに、親戚の若い男フランツがやってくる。フランツが奥さんのほうと不倫の関係になって、亭主ドライヤーが邪魔なので殺してしまおうとするが失敗し、奥さんは雨に打たれ熱が出て死んでしまう。昔の小説みたいな、通俗小説の極みのような話で、テーマはぜんぜん新しくない。ところが、技法が新しく、面白い。「語り方」が変化するのです。多くの部分はフランツの視点で書かれるのですが、その視点が亭主のものになったり奥さんのものになったりする。いま誰の視点から語られているかがしょっちゅう変わるのです。その切り替えがめちゃくちゃうまい。いちばん面白かったのは、スキーのリゾート地に来ているドライヤーからフランツに、自分が写った写真が送られてくるところ。フランツが写真を見ると、撮影したひとの影が写っている。次のパラグラフで、写真を撮ったひとがドライヤーを写したときにどうこう、と書かれている。そこからドライヤーの話に移っていく。写真の中に入るのです。物語の語り方が変わるときに、写真がデバイスになっている。ナボコフの前にそういう手を使ったひとはいないと思います。小説読みはふつうはストーリーやプロットを読むので、技法の話までは意識しない。でも、これを読んでいると、ナボコフはその技法こそがやりたかったのだろうと思える。だから話は通俗にしてあるのでしょう。

先ほどの、「局面Aから局面Bへ移行するときに……」といったことも、ある意味では詰将棋の創作の技法です。技法・テクニックというとあまり良いものではないような感じがするけれど、私に言わせると必ずしもそうではない。テクニックのなかに本質的なことが含まれているのです。テクニックに意識的なナボコフを読んでいるとそういう気がする。英語のartという単語は、「芸術」でもあるけれど、「技法」でもある。そこはかぶるのです。

▼新しさを求めると、関心は歴史に向かう。

数学科の同級生に吉永良正がいるのですが、私と吉永くんは辿ってきたルートが似ています。彼も数学科を出てから文学部に入り直して西田哲学をやり、いまは大東文化大学の准教授です。[*1] 年に一回くら

＊1　インタビュー当時。現在は定年退職されている。

い会ってお酒を飲みながらしゃべっているのですが、以前に意見が合ったのは、けっきょく自分たちがやっているのは、「新しいものを作りたい」ということなのかなと。数学者も、どんな小さな命題の証明であれ、新しいことをやっているわけです。前にやったひとの証明をなぞったところで仕方がない。それと同じで、詰将棋をやっているときにも、新しいものを作りたい。五十年くらい詰将棋を作ってきましたが、その間に見たことがないものを作りたいのです。

そのために、新しいものをどうやって見つけたらいいのか、と最近よく考えます。すると、何が新しいのか、何が作られているのかを歴史的に知らないとだめです。そういう考え方があるために、ひととは違う見方になっているのかもしれません。詰将棋では『将棋図巧』と『将棋無双』という江戸時代の作品集があり、いまそれについて本を書こうとしています。原点のところでその作者がどんな新しいものを作り、後世の人間がどう乗り越えてきたか、これから先どうするか。そういう本を書こうと思っているのです。

やりたいことをやる

▼数学を離れたいま、数学にどのような思いを抱いているのだろうか。

数学では、奨励会にいたようなものなので、「プロになれなかった人間が将棋界をいまどう思うか」を問われているようで辛い話ではあるのですが(笑)。数学は、歳をとってからもう一回勉強してみたい、といつも思います。しかしこれから始めるにも何から始めていいかすらわからない。私の世代では、高校生・大学生のときにちょうどブルバキ『数学原論』が出て、いちおういまでも本棚においてある。しかし、勉強するにしてもブルバキはどうかなと(笑)。

数学の大学院を受験して落ちたのですが、高須先生に、「いや若島くん、大学院の採点はバイナリーだから」と言われました(笑)。0か1かで、部分点はないと。いまではどうなっているかわかりませんが、この話をきいてびっくりしました。一方で、文学は灰色の世界で、「ああも言えれば、こうも言える」みたいな、優劣がつかないところがあります。誰かと勝負しようといった気はあまりない。そもそも勝負がつかない世界ですから。それは詰将棋でもある程度同じことが言えます。勝負とは関係なく、自分のやりたいことをやればいい。そういうことなのです。

[二〇一九年一〇月二八日談]

若島正

わかしま・ただし

1952年京都生まれ。京都大学名誉教授。詰将棋作家、英文学者、翻訳家。詰将棋界最高の賞・看寿賞を10度受賞。『乱視読者の帰還』(みすず書房)で本格ミステリ大賞、『乱視読者の英米短篇講義』(研究社)で読売文学賞。最近の著訳書に『詳解 詰将棋解答選手権 初級・一般戦 2009〜2019』『詳解 詰将棋解答選手権 チャンピオン戦 2004〜2019』(マイナビ出版)、『黄金虫変奏曲』(みすず書房、共訳)『盤上のパラダイス』(河出文庫)がある。

4

鳴川肇氏にきく（建築家、慶應義塾大学）

泥臭さの産んだ世界地図

よく知られているように、面積・形・距離を完璧に保った世界地図を作ることは数学的に不可能であり、どんな地図でも歪みが生じる。メルカトル図法では、極に近づくに従い、この歪みがとても大きくなる。地図に生じるこの不可避の歪みを極力小さくしようと設計された世界地図が「オーサグラフ」だ［図4-1、次ページ］。この世界地図はデザイン界で注目され、二〇一六年には、優れたデザインを顕彰する「グッドデザイン賞」の大賞にも選ばれた。

オーサグラフの設計にも、数学が関係している。本章では、オーサグラフをデザインされた建築家・鳴川肇氏にご登場いただく。グッドデザイン賞受賞を記念した展示会の会場にて、この図法が生まれた経緯や数学への想いを語っていただいた。

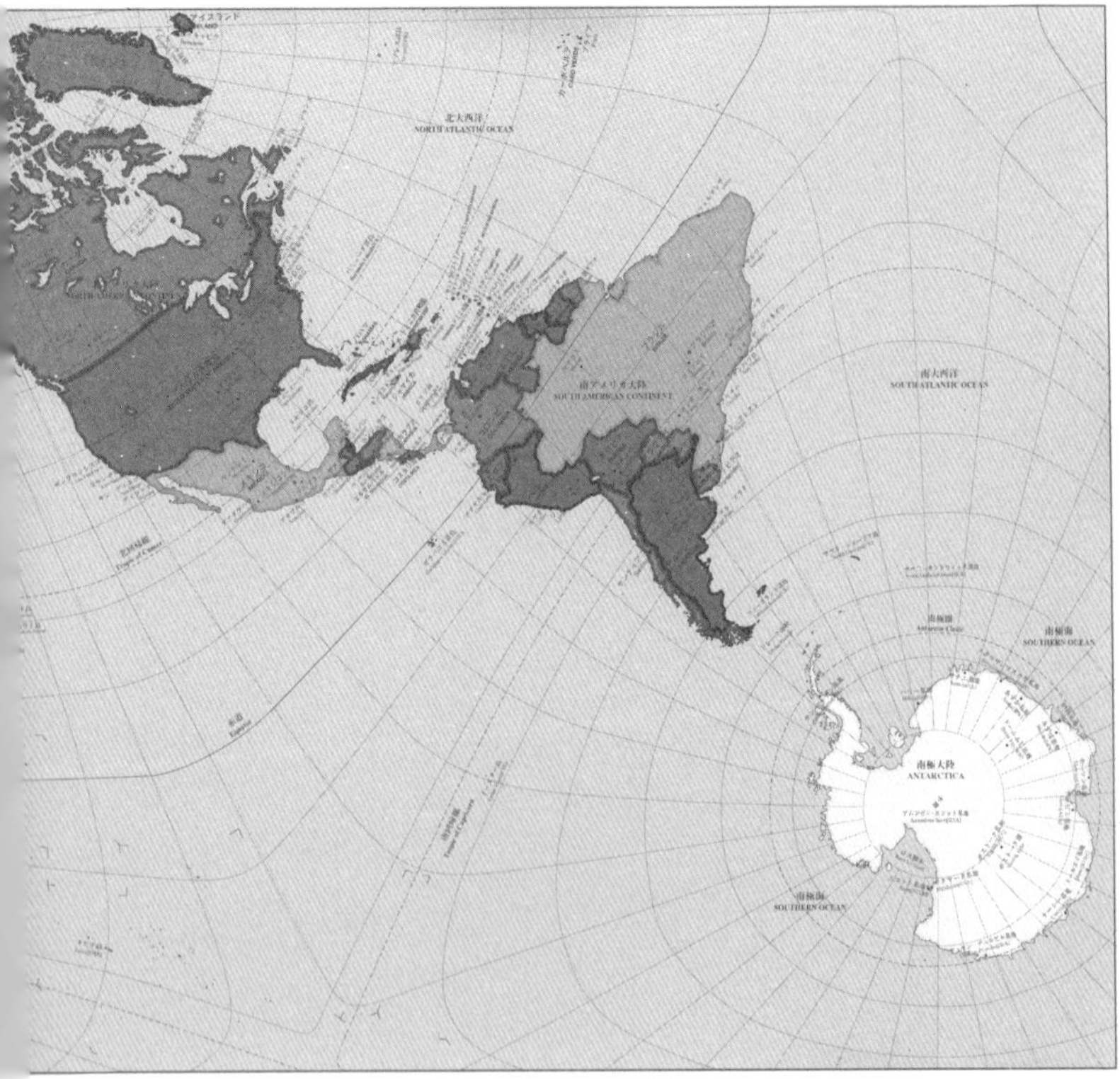
アイスランド
北大西洋
NORTH ATLANTIC OCEAN
南アメリカ大陸
SOUTH AMERICAN CONTINENT
南大西洋
SOUTH ATLANTIC OCEAN
南極圏
Antarctic Circle
南極海
SOUTHERN OCEAN
南極大陸
ANTARCTICA
南極海
SOUTHERN OCEAN

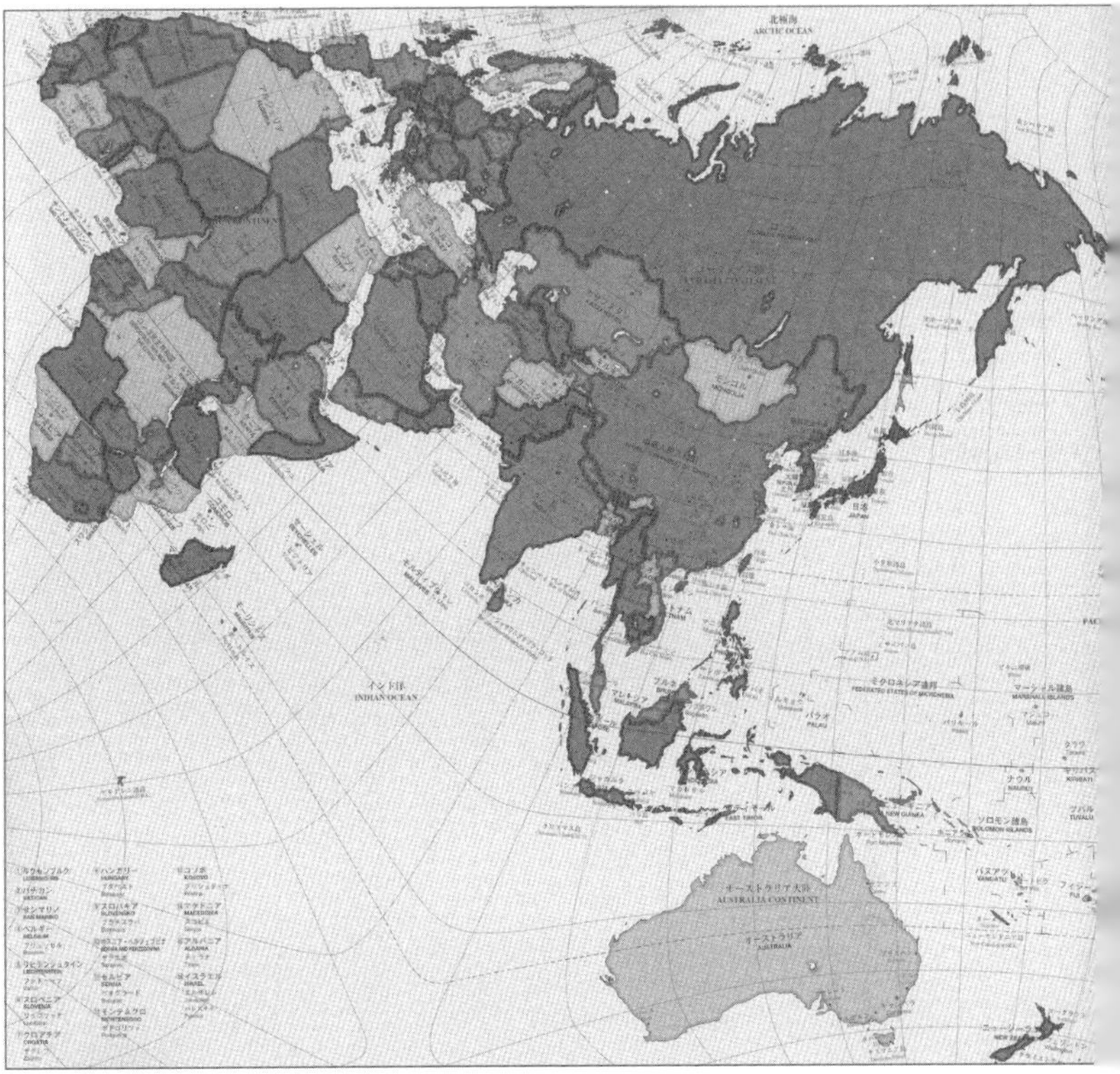

図4-1　オーサグラフ（AuthaGraph CO., LTD.）

オーサグラフとは

オーサグラフがどのようにできているかを説明します。まず、地球を細長い三角形96個に分割します[図4-2]。形は少しずつ違っていて四種類。面積はどれも同じです。これを、球の中心に置いたサモサのような立体に投影(心射投影)します。サモサの96分の1領域に、球の96分の1領域が投影される。実はちょっとトリミング調整をするので、光学的な投影ではなく、正確には写像と言ったほうがいいですね。さらに、サモサの出っ張ったおなかの部分を正四面体の面に平行投影(正射投影)します。これも微調整を加えて、三角形が正四面体全体の96分の1になるようにしています。

こうして二段階で地球を正四面体に変形させます。正四面体は、ハサミを入れて切り開いた展開図が長方形になるので、これで長方形の世界地図が出来上がる。その長方形の辺の比は1：$\sqrt{3}$です。ほぼ9：16なので、ハイビジョンモニターにもピタッと収まります。

▼正四面体への写像の取り方には、理論的な根拠があるわけではないという。

サモサの形には無数のバリエーションがあります。これだと決めたのは、海岸線のかたちなど最終的な結果を見て、遜色がないかどうかという直感です。96等分にしたことについても、より細かく分割すれば正積図法(面積比が正しく表される図法)と呼べるところまで精度を上げることができます。でも、それでは形がとても歪む。形と面積のトレードオフを見ながら、見映えが、たとえば私の妻など一般のひとに受けるかどうかを考えました。

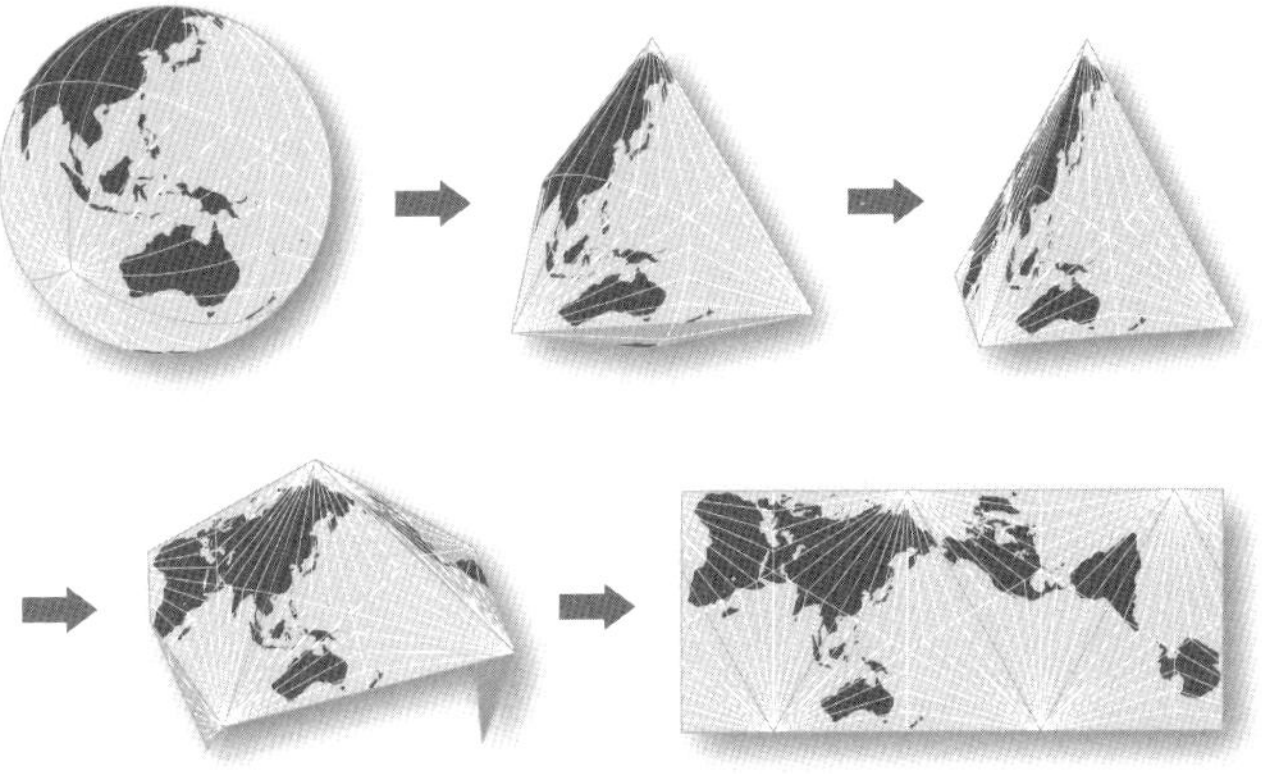

図4-2　オーサグラフの作られ方。地球を、正四面体が膨らんだサモサのような形に投影し、さらに正四面体に投影する。これを切り開くと長方形の世界地図になる。(AuthaGraph CO., LTD.)

ただ、歪みをなるべく均等に分散しているものの、正四面体の頂点に近づくにつれて形の歪みはどうしても大きくなります。たとえば、ブラジルの一部が尖りすぎています。ブラジル人に指摘されました。シベリアにもちょっと違和感が残っています。でも、基本的には分かりやすく表現できていると思います。

これがいちばんいいのか、数学的な証明はしていません。やってみたいとは思っていますし、したほうがいいのでしょうが、私は数学も地図投影も専門ではなく、単なるデザインをやっていただけなのです。コンピュータや、三角関数レベルの数学はたくさん使っていますが、初めから投影の数式を作ってコンピュータに入力する、といった作業もしていません。基本的にはハサミと糊で、ラフな模型をたくさん作っては確かめる、という方法で作りました。

▼正四面体への投影の方向や、正四面体の切り開き方にも苦労があった。

オーサグラフを作るさい、日本が中心で左がロシア、右がアメリカという見慣れた構図に近づけつつ、すべての大陸が四角い枠に途切れることなく収まる頂点の位置を探しました。アイスランドかニュージーランドどちらかが途切れてしまい、調整に二か月くらいかかりましたが(笑)、ぴたっと収まる構図を見つけました。

北極点や南極点は、正四面体の頂点や辺の中心に置いていません。幾何学の魅力に取りつかれているひとは、「なんとか北極点を頂点に」という気持ちになってしまうと思います。私もそういう傾向があったのですが、これも妻に「そんなのどうでもいいから」と言われ(笑)、あまり意味がないと思うようになりました。陸地が途切れない、日本が真ん中にある、といった今まで見慣れたメルカトル図法との比較ができない地図では、一般のひとはピンとこない、という指摘が新鮮でした。

▼正四面体の展開図は、単に長方形になるだけでなく、別の利点もある。

オーサグラフのもうひとつの特徴は、球面の行き止まりのない世界観を再現できることです。正四面体を切り開いた長方形の展開図は、縦、横、斜めに地理関係がつながった状態で平面充填できます[図4-3参照]。そこから横長の四角い地図を切り出すと、いろいろな世界地図ができる。日本を中心とした地図を切り出すことも、南アフリカを中心にした世界地図を切り出すこともできる。多中心になっていく世界観に対応できる世界地図になっています。

▼オーサグラフの平面充填には、さまざまな活用法がある。

これは、大航海時代のいろいろな冒険者たちの航海を表したものです(次ページ上の写真の背景)。スペ

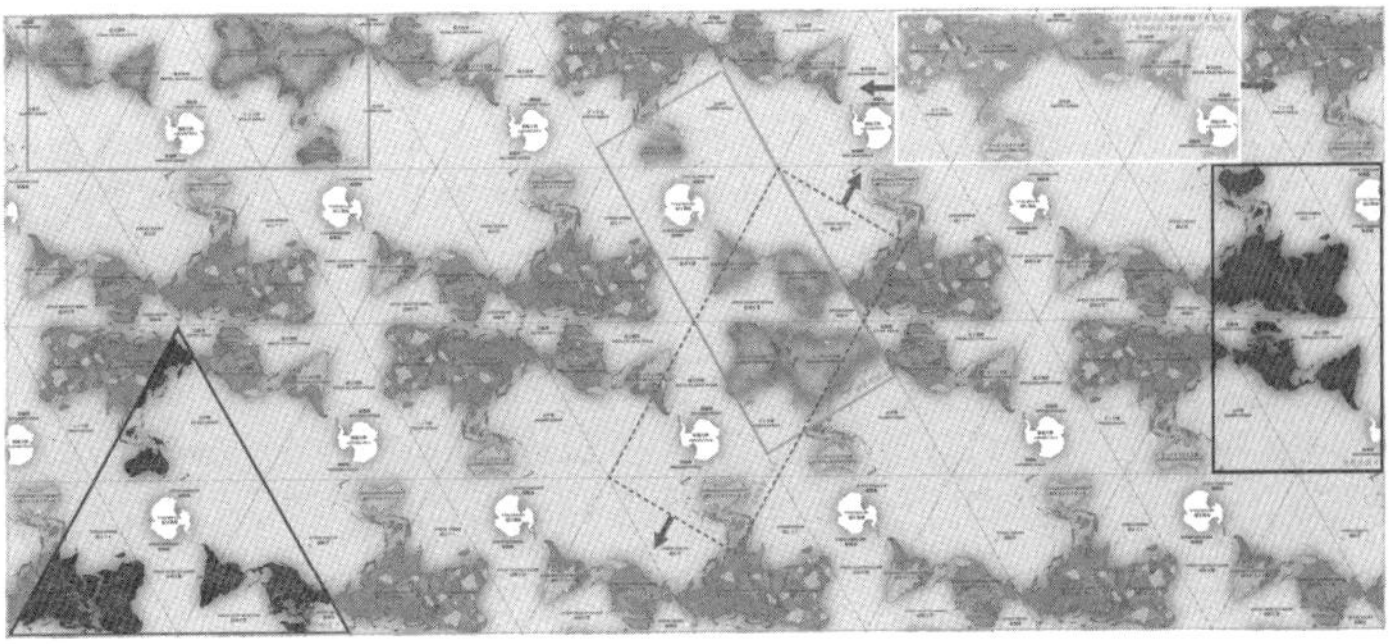

図4-3　オーサグラフ16枚を平面に、地理関係を保ったまま充填したところ。（AuthaGraph CO., LTD.）

図4-4　世界史地図（慶應義塾大学鳴川研）

インの支援を受けて西回りでインドに行こうとしたコロンブスが中米を発見した航路とか、ポルトガルの支援を受けて東回りでカルカッタに到着したバスコ・ダ・ガマの航路とか。人生で世界を三周以上しているジェームズ・クックの航路も描いてあります。オーサグラフをつなげていくと、広い視野を表現できます。

またこれは、世界史を表した地図です［図4-4］。予備校で長年教えていた関真興先生、学研教育出版、学生たちと一緒につくりました。高校の教科書で習う世界史にもとづいて、五十年おきの世界の国々とその時代に活躍したひとの情報を書き込み、それを左上からずっとつなぎ合わせていくと、世界史が一望できます。たとえば、ここに史上最大の版図を築いたモンゴル帝国があります。でも、この地図上には一回しか現れません。それに対してローマ帝国は、国土はそれほど大きくないのですが長期間存在していて、それぞれの時代の面積を足し合わせると、モンゴル帝国より大きいことが分かります。

▼種々の利点のあるオーサグラフだが、欠点もある。

頂点に近づくと歪みが大きくなりますし、面積も、96分の1の領域だからそこまで正しいとは思えない。また、緯度・経度がけっこう曲がっています。緯度・経度の整列は、地図学者にとっては大前提だそうで、それを無視したらこんな結果が出るとは専門家には分からなかった、という評価でした。これはかなり好意的な評価で、門外漢だからこんな地図が作れたのだと思います。でも裏を返せば、緯度・経度に基づいているローカルタイムゾーンなどは、オーサグラフで表すよりもメルカトル図法のほうが分かりやすいですね。

いくつか欠点もあるのですが、それを許容すれば、こういう世界観をつくることができます。今まで分かりづらかったテーマを地図上で表現できる。そもそもいろいろな世界地図があって、どんな世界地図も完璧な解答ではない。面積、形、方角をすべて正確に表現できる地図は、数学的にありえない。地図を大まかに分類すれば、四角に収めようとして極端に歪んだメルカトル図法などの地図と、歪みを直そうとして地図自体がギザギザになってしまった地図のどちらかだと思います。その両方のいいところをなるべく取り込んだ地図をつくろうと思ったのです。

ギザギザを取り除きたい

▼オーサグラフを生み出したのは、徹底した地道な探究心だ。

大学生（芝浦工業大学）のころは、建築の歴史を学びながら、建築設計をやっていました。卒業設計でつくった、既存のビルの屋上にゲリラ的に劇場を設計するという作品が受けて、日本建築家協会の卒業設計コンクールの金賞を受賞しました。ただ、批判もたくさんありました。構造的な提案がまったくないのに既存のビルの屋上に劇場をつくるなんて、と。そのことは重々承知していました。

それで、構造力学のことが分かればもっといいデザインにつながるだろうと、大学院では東京藝術大学に移って、構造計画の研究室に入りました。そこで構造力学的に合理的な形とは何かに興味を持ち始め、「ジオデシックドーム」という構造体の研究に取りつかれました［図4-5］。数学は好きではなかったのですが、これを研究するにはsin, cos, tanしかないと、実務経験も交えながら一生懸命に勉強しました。

その過程で、空間の表現の仕方に興味をもつようになりました。たとえば、空間を水平に切って上を見たひとは誰もいません。同じような仕方で、真上から見たものを平面図、垂直に切ったものを断面図と呼びますが、実際にそうやって空間をどかし、遠近感を伴って空間を表現するには透視図法しかないのですが、それにも歪みがあって限界があります。市川創太さん（建築家）という友達が、全方位を描ける透視図法を修士論文で模索していて、それにも影響を受けました。そこでオランダの大学院に行って、全方位写真、全方位透視図法を実践する具体的な案を研究しました。

図4-5　ジオデシックドーム。バックミンスター・フラーによって考案された、三角形を組み合わせて作られるドーム状の構造。（慶應義塾大学鳴川研製作・設計）

そのときは、当時の地図で最も歪みが少ないといわれていたダイマクションマップ［図4-6、次ページ］を使うことを考えました。透明な球を自分の体の中心に置き、その球の中心から見た風景を球面に描くと、全方位を球体に投影できる。それを地球に見立ててダイマクションマップの形に開くと、歪みの少ない全方位の透視図が描ける。そういうロジックで論文を書きました。

でもダイマクションマップはギザギザで、とにかく見づらい。研究の評判はよかったのですが、自分のなかでは全然使いものにならないと思っていました。あのギザギザを取り除いて四角に収めないといけないということが分かったんです。しつこい性格なので、論文を書き終わっても、「よーし終わった」と解放された気持ちにはならなかった。就職活動をしなければいけないけれども、あのギザギザを取り除きたいなと、誰に頼まれたわけでもないのにグダグダ半年も考えて

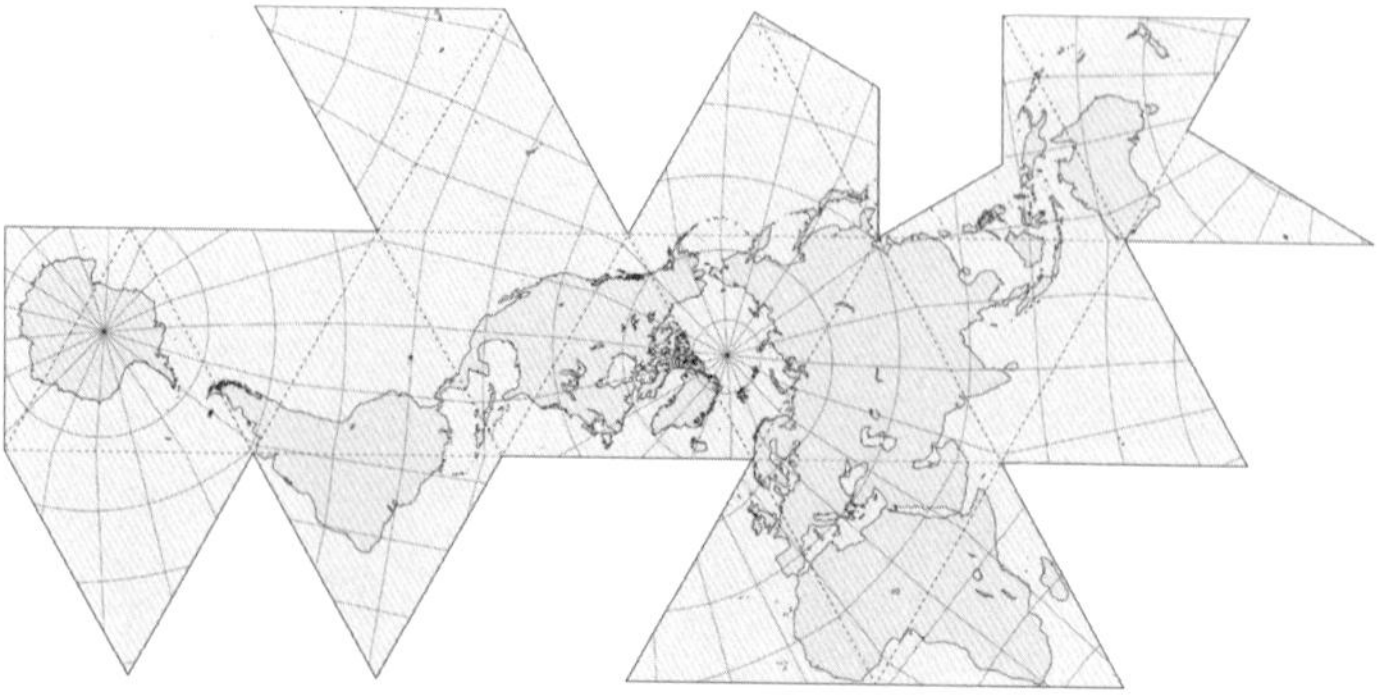

図4-6　ダイマクションマップ。バックミンスター・フラーによって考案された世界地図で、正二十面体に地球を投影してから展開したもの。（Courtesy of Buckminster Fuller Institute and Eric Gaba）

いるうちに、正四面体を使うアイデアに行き着いた。そしてこれを使えば、全風景を四角形に収めることができるだけでなく、世界地図図法の提案もできるかもしれない。こうしてオーサグラフに至ったのです。

▼オーサグラフ以外にもさまざまな作品を作っているが、それらもやはり球体への投影に関係している。

東京ドームシティの宇宙ミュージアム「TeNQ」に行ったことはありますか？　あそこにある「立体星座」という小さい作品をつくりました。

星座というのは、天球にある星をグループ化することで神話の登場人物の形を描いたものですが、これらの星々の地球からの距離を調べます。たとえばカシオペアを構成する五つの星は、地球から見るとM字形に結像しますが、地球からの実際の距離はまちまちなので、横から俯瞰すると、M字はでこぼこしていることになります。そのでこぼこの立体を実際につくったのが、立体星座です。はくちょう座でやってみると、白鳥の首が折れています。オリオン座だと、勇者オリオンが複雑骨折。われわれの認識している星の位置関係は、かなり便宜的に咀嚼されたものだということを示した作品です。TeNQに来館する、それほど天体に興味を持っていないイチャイチャしたカップルにそれを分かりやすく見せる、というコンセプトです[*1](笑)。

▼今後も新たな世界地図の可能性を追求したいという。

オーサグラフのいろいろなバリエーションは、早く検証しないといけないと思っています。皆さんと情報を共有するために、特許明細書にはバリエーションの情報が全部書いてあり、公開されています[*2]。それを実用化すると、どういう使い道があるのかを把握したい。でも、なかなか進んでいません。地図だけに集中できていないのですが、本当はもっとちゃんと図法について研究したいのです。

日常的な数学トレーニング

▼こうして数学の関係する作品を作っている鳴川氏だが、数学は決して得意なわけではなかった。

たとえば数列を高校で習いますが、数列は無限の果てまで続く。途方もない気持ちになりませんか。面白いのですがスケールが大きすぎて、イメージがわかないし、「そんな地の果てまで行けないよ」とい

＊1　［編集部注］なお、TeNQは二〇二三年三月三一日をもって惜しまれつつ閉館している。
＊2　特許2008-552197「情報処理方法」

う気持ちになります。数学の試験では計算間違いも多く、頑張ったわりには点数をもらえませんでした。

でも、面白いと思う瞬間はありました。それは、板書でうまい絵を描いてくれる先生の授業。とくに微分積分は、絵のうまい先生が教えるかどうかでまったく違うと思います。

たとえば高校のころ、xy平面に描かれた関数のグラフを、y軸を中心に回転させた形の体積を求めよという問題で、ある先生が「バームクーヘンだと思えばいい」と言ってバームクーヘンのような絵を描いた。外側から皮を一枚ずつむいていって、厚みを全部足し合わせれば体積が出る、ということを、きれいな絵で表現してくれました。その問題は高校生にとっては難しい積分の問題だと思うのですが、「積分って面白い」と思った瞬間でした。

でも、数学はやはり得意ではなく、ジオデシックドームを勉強するときに三角関数などを完全にやり直しました。こうやって球面上の部材の長さを導き出すのか、とか、第二余弦定理とはそういうことなのか、魔法のようだとか(笑)、とてもいい勉強をしました。

▼今は、あまり数学の勉強はしていないものの、実地で数学の「トレーニング」をしているそうだ。

オーサグラフのペーパークラフトの模型を作るとき、紙の厚みの計算を間違えると、組み立てたときに糊しろと糊しろがずれる。実体験で、そういう痛みを伴う作業をすると、急に数学に一生懸命になります。紙の厚みを考慮すると計算がすごく難しくなります。でも、糊しろが合ったときは心地よい。接着剤が、吸いつくようにくっつくんですよ。

大型の展示作品を、家からこの会場までトラックに積んで運び込む準備も、トレーニングになりました。配送業者のトラックが来るまで二時間くらいしかなく、その間に、大きな地図図法の概念模型を梱包する段ボール箱を急いで用意しないといけない。パシッと入る立方体のダンボール箱の大きさはいくらか。また、家のドアの幅も考えないといけない。ドアを開けて、ドアの厚みのぶん幅が少なくなったところを箱が通れるかどうかも、パパッと計算する(笑)。結構なトレーニングになります。

▼建築にも地図にも、数学的な驚きを日々感じているという。

「エッ」と思う数式がないですか。たとえば球面幾何学。普通の三角形の面積の出し方は「底辺×高さ÷2」ですが。球面上の三角形は、内角の和からπを引いて、それに半径の二乗を掛けるだけです。半径が1だと、内角の和が180°からどれだけオーバーしているかがそのまま面積になる。その証明の仕方も、簡単な方法ですごく面白い。

ジオデシックドームも地図も、そういう「エッ」という驚きが多いんです。われわれ建築家の観点から言えば、ある構造物を作る予算をふつうに見積もると高くなるのに、それが幾何学的な構造だと、たった二種類の部材を百個ずつ用意すればいいだけなのだと分かったりする。これは感動的です。締切に追われていると、「わっ、二種類だ。すごい。助かった」となるのですが、あとで振り返ると、それが根源的な数学のルールにつながっていたりする。それが面白い。それに巡り合えると、結局美しいプロダクトに仕上がります。すごくスレンダーだったり、すっきりした接合部分だったり。そういう側面から数学の面白さを感じています。

居酒屋で数学を

▼東京二〇二〇オリンピック・パラリンピック大会のエンブレムに、野老朝雄氏のデザイン*3が選ばれたのは、鳴川氏にとっても感慨深いものであった。

美術の好きなひとは、指で数学を解いているようなものだと思います。数学が好きで、美的センスのあるひとはたくさんいると思うので、デザインにどんどん進出してほしい。エンブレムに野老さんのデザインが選ばれたのは、いいきっかけだと思います。一部のひとは「シンプルすぎる」というけれど、いやいやいや、歴代のオリンピックのエンブレムのなかでも一位、二位を競う美しさだと思う。幾何学的な魅力があります。

グッドデザイン賞の大賞に、地図図法というこんなに分かりづらいものが選ばれたのも、その第一歩だと思っています。七十何人もの審査員がよくぞこれを選んでくれたと。オーサグラフについて説明するには、早口で十分は必要なんです。それに対して、スーパーカーのデザインをしたカーデザイナーが日本の農業社会を支えるためにつくったトラクター、といったものは分かりやすいし、そちらが勝って当然だと思っていました。地図図法みたいな幾何学的な提案が選ばれたのは、私自身にとっても大きかったし、大きな動きだったと思います。

野老さんとの共通の友達である長岡勉さん（建築家）が、二〇一六年を「泥臭元年」と言ってくれています。全然おカネにならない幾何学模様とか地図とかを泥臭くやっていたのが、去年、二人揃って賞を取った。泥臭さが評価された元年、嬉しいです。

▼そうして数学が、もっと日常に根づいてほしいと鳴川氏は語る。

居酒屋でよく出てくるトピックがあるでしょう。近況とか、お互いの友達の人間関係とか下ネタとか。大学生のころは何とも思わなかったし、それはそれで楽しいけれども、大人になると、お酒の場で真面目な数学の話などがしたいんですよ。

そういう話が酒の場で出ると、「そんなつまらない話をするなよ」というひとと、盛り上がって気づいたら午前二時ぐらいになっているひとがいると思うんです。数学の話なんか友達と久しぶりに会った居酒屋でするべきではないと考えるひとはいると思います。でも、遠慮せずに話してほしい。そういうトピックで盛り上がったお酒の場って、一年経っても覚えているんです。「あいつが二股かけて修羅場を迎えていて」という話は、一年後覚えていませんよ。

数学をトピックの一つとして日常に浸透させる努力は必要だと思いますが、意外にそういう話を聞き

＊3　本書第1巻第1章にて登場。

たがっている一般人はたくさんいると思う。ただし、数学ができるひとは、一般人に分かるように説明する努力をしてもらいたい。そういうことができるひとは一流だと思います。

「数学バー」みたいなものがあるといいですね。そこへ行くと、数学の話ができる。「アンドリュー・ワイルズってこんなことを考えていたんだ」とか「日本人の研究が役に立っているんだ」とか、そういう話を酒の場で聞きたいんです。

［二〇一七年三月九日談］

鳴川肇

なるかわ・はじめ

1997年、東京藝術大学美術専攻科修了。2003年、佐々木構造計画研究所勤務。2009年、オーサグラフ株式会社設立。2011年、日本科学未来館、大型デジタル地球儀(ジオコスモス)、世界地図アーカイブ(ジオパレット)、インタラクティブ地図展示(ジオスコープ)設計協力。2016年グッドデザイン大賞受賞。現在、慶應義塾大学環境情報学部准教授。

5

科学への入口としての空想科学

柳田理科雄氏にきく（作家、株式会社空想科学研究所、明治大学）

本章では、「空想科学読本」シリーズで知られる柳田理科雄氏にお話を伺う。関連書籍も含めシリーズ累計五百万部を超える人気シリーズの作者である柳田氏に、科学へ興味を持ち始めた時代やシリーズ誕生の裏話などを数理の視点で語っていただいた。

アニメ・特撮の中に科学者が溢れていた時代

▼柳田氏の生まれ育った故郷は鹿児島県の種子島。科学への興味はこの土地から始まっている。

周りは海に囲まれ自然が非常に豊かなところでした。僕らの時代は、子どもたちが農作業や家事を手伝うのはごく当たり前のことで、風呂を沸かすにも現代とは違いマッチを擦って薪を燃やしていました。

自然現象に触れる機会は、今の子どもたちよりもずっと多かったと思います。
▼このような環境の中で科学への興味に火をつけたのは、テレビの中のアニメや特撮番組だった。
当時のテレビは映像が白黒で、アニメは『鉄腕アトム』、特撮は『マグマ大使』と『ウルトラマン』くらいしかありませんでした。最初、『ウルトラマン』はニュース番組だと思って見ていました。そのうち本当にあの世界にはまり込んで、登場する岩本博士にもあこがれて…というところから科学に惹かれていったと思います。小学校五年生ぐらいのときに、本気で科学者になりたいと思い始めました。
▼柳田氏が幼い頃に見ていたアニメや特撮番組では必ずのように科学者が登場していた。
みんなが科学に夢を見ていた時代で、登場する博士たちは、そのとき必要なものを必ず作ってくれるのです。技術力が物凄く、万能であるということが一大特徴です。

『サイボーグ009』では、「僕たちは移動手段がない」とギルモア博士に言うと、「しばらく待っておれ」と言って空飛ぶ帆船を作ってくれます。『ウルトラマン』の最終回で怪獣ゼットンを爆発させたのは、岩本博士が開発した新型の小型ミサイルです。だから、ナレーションで「ありがとう、ウルトラマン！ さようなら、ウルトラマン！」と言っていましたが、あそこは「ありがとう、岩本博士！」と言うべきなのです（笑）。
▼最も強く憧れたのは、『科学忍者隊ガッチャマン』の南部考三郎博士である。
着ると空が飛べるスーツを作ったり、凄い変形をする飛行機を作ったり、地球の中心に刺激を与えると地球が消滅するという敵の作戦の理論を見破ったりと、「あなたの専門は何なのですか？」と思える、

凄い科学者だったわけです。南部博士のようになりたいと、当時は真剣に思いました。

▼夢の実現のためには、種子島を脱出しなければならなかった。

当時の鹿児島県は、鹿児島市内とその他の地域との教育格差が激しかったのです。その一方で学区制が出来上がっていて、鹿児島市内に集中している公立の進学校には鹿児島市在住でなければ入学できない決まりになっていました。そこで、勉強のできる子供がいると、「お前に一族の命運をかける」ということで一族郎党で協力して、鹿児島市内の学校へ出していたのです。

▼柳田家でも一家総出で理科雄氏を応援した。

鹿児島市内の公立中学校へ通うために、両親が書類上で離婚して母親が形式的に鹿児島市に移り住み、父方の祖母や母方の祖母が、交代で僕の面倒を見に来てくれました。このようにして、大隅半島や北薩地方、僕みたいに離島からなど、鹿児島県内の優秀な学生が大勢、鹿児島市内に集まっていました。

勉強は挫折ばかり

▼学生時代は、最初から勉強ができたわけではない。

僕は、高校へ入学したときには物理学者になると決めていたので、大学の物理の教科書を高校一年生から読んでいました。二年生になって物理の授業が始まり、自分の独擅場になると思っていたのですが、最初の試験が100点満点中48点。同級生に(立川君という)オールラウンダーの秀才がいて、こいつにだけは物理で勝ちたいと思っていたのですが、彼は一つミスをして96点。猛烈にショックを受けました。

▼柳田氏は、これではダメだと思い立つ。

とにかく物理で人に負けるわけにはいかないと思い、教科書に出てくる数式を初めからすべて導出できるようにしていきました。するとそこから「無敵」になりました。だから、物理ができるようになったのは早かったです。

▼しかし、この勉強法を数学では活用しなかった。

余弦定理の証明などで積極的に活用すればよかったのですが、できませんでした。数学はやらなければいけないことがたくさんありすぎる気がしたのです。どこまで勉強すれば終わるのか、中身を理解しようとすると大変、ということで暗記主義に走ってしまいました。数学はやってもやっても分からない。

なるほど感が全然ない高校時代でした。

▼大学は、佐藤文隆氏に憧れて京都大学を受験した。

湯川秀樹博士の直弟子、しかも専門は宇宙物理学なので、佐藤先生に習うために京都大学に行かねばと必死で勉強しました。高校の先生たちは「基礎をやれ」と言うのですが、僕は、「基礎をやっていたら受験に間に合わない」という発想をしてしまいました。

物理は問題なかったのですが、数学は先ほどのように大変なことになっていました。国語は子どものころの読書量のお陰か苦労しませんでしたが、社会は壊滅、英語もアウト。要するに「五文型なんか覚えて何になるんだ」という発想だったので、実力は全然つかなかったのです。

▼このような状況のため、受験は失敗した。

受験後、なぜか絶対受かったと思い込み、試験を受けた足でアパートを借りに行ってしまいました。その後、合格発表を見てがっくりして、鹿児島へ帰る新幹線で網棚の上に新聞を発見しました。何の気なしに取って開いたら国立大学教員の人事異動という記事があり、そこに「佐藤文隆教授退官」と書いてありました。後々調べると、その頃に北京大学へ招聘されたようですが、そのような事情は全然知りませんので、びっくりしました。

▼京都大学へ行くモチベーションをなくし、志望大学を東京大学へ変更した柳田氏。

僕もやはり受験戦争を生きた子どもでしたから、東大のほうが京大より偉いという意識がどこかにありました。そこで「東大に行って俺を落とした京大を見返してやろう」という、安い感じのプライドに走ってしまいました（笑）。

▼大学の浪人時代に他の教科の勉強でも物理と同じような勉強法を行うようになった。

落ちて思い出したのが、高校の先生方の「基礎をしっかりやりなさい」という言葉です。そこで予備校が始まる前に基礎からやり直し、いろいろなことが分かったのです。高校の頃は根本を理解しようとせずに、順不同に武器をため込むような勉強をしていたのですが、そこから、たとえば正弦定理が出てきたら必ず正弦定理を証明する、つまり自分が証明できない定理を使わないように心がけました。これが非常によかったです。

こうすることで、それまでため込んでいた武器や定理を一つひとつ検証することになりますので、繋がりが明確になって、たちまち成績が上がりました。世界史・地理を除いて、どの教科も成績は上がり、七月ごろには東京大学のA判定が出ていました。

▼無事、東京大学へ入学した柳田氏であったが、そこでもやはり挫折する。

二〜三か月で成績が上がると、「俺は頭がいい」とか「俺はすごい努力をした」と自己肯定感が高まります。すると人は傲慢になるわけです。僕は東大に入学したとき、「これだけ頑張って東大に入学したのだから、東大は僕の好きな勉強をさせてくれる義務がある」という考え方に陥りました。物理がやりたくて理科I類に入ったのに、語学が週に英語三時間、ドイツ語二時間、体育や保健もある。数学は基礎解析、代数・幾何などもある中で、物理がたった一時間しかないのです。これはあり得ないだろうと思いました。

結局、新しいものを受け入れることができなくなってしまいました。傲慢になった人間に、科学の扉は

絶対に開きません。授業も分からなくなり、学校にも足が向かなくなりました。学生の頃からやっていた学習塾の講師の仕事が面白くなっていて、自分はもうこの道で行くと決めました。でも、東大だから簡単には辞められず、結局、駒場に五年間もいることになりました。

▼その後の柳田氏は塾の仕事を転々とする。

大学在学中に勤めていた塾は中退のときに辞めて、別の塾に移りました。その塾に勤めてしばらくして、高校の先輩から、中国にある日本人向けマンションで学習塾をやらないかと持ちかけられました。当時はバブルの時代で、日本人がどんどん北京へ進出していたのですが、その受け入れのために、中国政府が日本企業と合弁でマンションを建設していました。しかし、供給過剰になっていたため、どのマンションも独自性を打ち出したかったようです。

▼そのときに白羽の矢が立ったのが柳田氏であった。

まず塾の講師としての経験がなければだめですが、さらに海外なので、新しい講師の補充ができないという事情もあり、「月30万円出すから来てくれ」と言われ、すぐにＯＫの返事をしました。勤務先の塾に「一年経ったら帰ります」と伝え、送り出していただきましたが、その塾に帰ることはありませんでした。中国では生活費がかかりませんでしたので、帰国した頃には貯金が結構たまっており、結局もとの勤務先には何も言わず、神奈川に自分の塾を作ってしまいました。

▼塾の名前は「天下無敵塾」である。

どんな人でも頑張れば天下無敵のところまで行けるという、自分の浪人時代のような経験をみんなにさせたいと思ったのです。

「空想科学読本」の誕生

▼「空想科学読本」は、『ゴジラ』や『ウルトラマン』をはじめとする漫画・アニメ・特撮の世界を科学的に検証したシリーズである。この本の編集者であり空想科学研究所所長の近藤隆史氏とは中学生の頃に出会った。

中学一年生のときのクラスメイトで、二人共同で漫画を描いたり雑誌をガリ版で作ったりしていました。もっと本格的なことをしたかったので、印刷のしくみを学びに鹿児島一の印刷会社へ友達三人で行ったこともあります。「空想科学読本」は、中学生のときの近藤君たちとの遊びを未だに続けている、という感じです。

▼第一作の誕生のきっかけは、自身が経営する塾の経営不振であった。

「天下無敵塾」は、僕自身の理想をあまりにも強く意識しすぎており「公式を覚えようとしてはいけない、自分で編み出しなさい」という授業をしていたので、生徒がどんどん減りにっちもさっちもいかなくなりました。このとき、その噂を聞きつけたのが当時宝島社に勤めていた近藤君でした。

近藤君とは中学時代から『ウルトラマン』の体重は重すぎるとか、『宇宙戦艦ヤマト』がイスカンダルに現実的な方法で行くとどうなるとか話していましたが、それを本にしないかということでした。初版一万部の印税契約という新人作家では破格の対応で、当時はわかりませんでしたが、これは完全に彼が僕を経済的に救うためにやってくれたことだと思います。

▼当時は柳田氏も駆け出しの新人。第一作を書くために塾との両立で苦労した。

本の企画が通ったのが七月なのですが、塾には夏期講習があり、その間はなにもできません。そして、冬休みになると冬期講習もありますから、九～一二月までの四か月間で書き終わらせるしかありませんでした。もちろん素人ですから、商品になる文章なんて書けない。結局、第一作の『空想科学読本』は平均して一原稿あたり四回ずつ書き直しています。それも含めて四か月で作っているのですから、いま振り返ると驚異的ですね。

▼『空想科学読本』は一九九六年二月に刊行されたが、本の売れ方は凄まじかった。

紀伊國屋書店新宿本店の店頭で、発売前に出版社がテスト販売をしました。すると、そこでの売れ行きがとても良く、発売前に増刷決定。そこからは信じられない勢いでした。刊行半年ぐらいで六十万部ぐらい行ったと思います。それまでが貧乏だっただけに、本当に雲に乗るような感じでした。

▼その一方で、経営していた塾は潰れてしまった。

四月に印税の振り込みがあったのですが、三月が塾の期末で、そこで畳む以外に道がありませんでした。残念ではありましたが、当時塾が潰れていなければ今どうなっていたか分かりません。自分の思いどおりになる塾があり、金はいくらでもあるという、とても悪い状態に陥っていたと思います。

▼本を書くことに面白さを見出したのは三作目以降である。

友人が経営する塾で講師をしながら二作目を書きました。その頃までは試行錯誤でバタバタしていましたが、三作目あたりから書くことが面白くなりました。少しでも面白く書こう、分かりやすく書こうと考え、この本はどんな人がどんな状況で読むのか、まで想像するようになりました。最初はカネで動いた割には、だんだんまともにものを書くという仕事に向き合うようになっていきました。

「空想科学読本」ができるまで

▼一つの原稿をどのように書いているのかは興味深い。刊行当時は、子どもの頃に疑問に思ったことを題材にしていたが、現在は読者から寄せられる疑問・質問の中から、読者が興味を持ってくれそうなものを選んでいる［図5-1］。

まずは、作品の確認作業から入ります。僕が触れたことのない作品が質問のテーマであることも当然ありますが、その際は漫画であれば最初から読み、アニメであれば第一話は必ず視聴します。質問にある場面が作品の序盤にあれば良いのですが、物語の終盤にある場合は、申しわけないのですが、作品の世界観が把握できた段階で問題のシーンを拝見します。

▼問題確認後の計算と原稿作成は四〜五時間で終わる。例外もいくつかある。

極端な例ですと、「映画『トゥームレイダー』（二〇〇一年）について、惑星直列が五千年に一度起きるとのことだが、そういうことが実際に起きるのか」という疑問が寄せられました。この検証には、すべての軌道要素を入れて計算を行うしかありません。この計算には、

$$u - e \sin u = \omega t$$

という式が登場しますが、正しいuは解析的には求められないので、コンピュータを使って数値計算をするしかありません。冥王星と海王星は数百年に一度しか出会いませんから、そこを足掛かりにしてほかの惑星の位置を順番に計算していきます。これが物凄く時間がかかるのです。少なくとも西暦二万年まで直列はない、と分かったところで計算をやめました。この時点で二日経っていました。

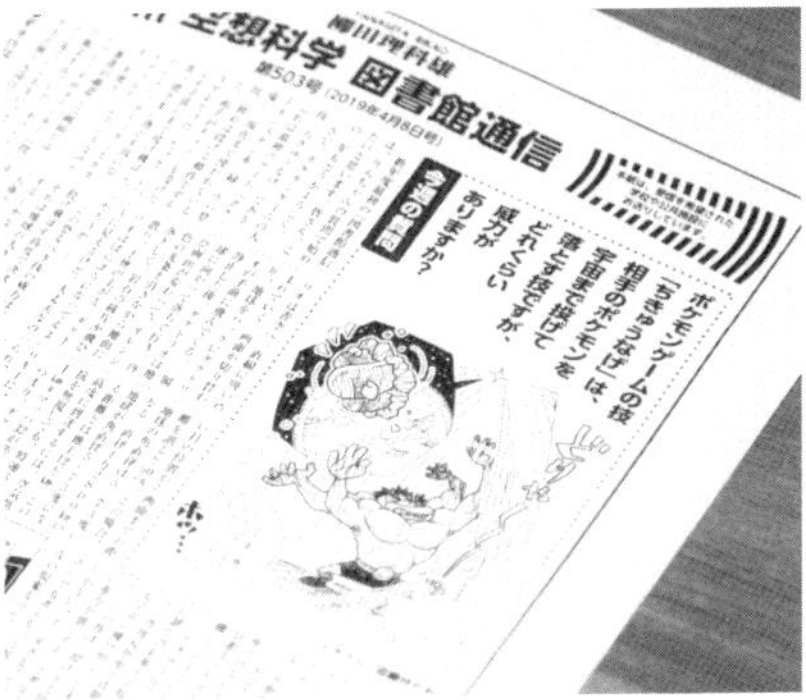

図5-1　読者から寄せられた疑問·質問には、「空想科学 図書館通信」という形で答えている（本紙は、配信を希望した学校や公共施設に送られる）。これを大幅に加筆·修正する形で単行本が作られている。

▼「空想科学読本」では、ほぼすべての科学の分野をカバーする。手持ちの知識で分からないことは、その都度勉強している。

僕の得意だった物理以外の分野では、勉強するケースはいくらでもあります。ただ、僕が改めて勉強して「やっと説明ができる」レベルの内容は、生物関係を除いたら読んで面白いものにはならないのです。内容の分かる人は「そんな凄いことが分かったのか」と喜んでくれるのですが、読者対象の中学生・高校生やこれから読者になって欲しい大人の方々にとっては、さっぱり面白くないというケースがたくさんあります。

▼この判断は、文系出身の近藤氏をはじめとする、スタッフを交えたミーティングにより行っている。

ある題材に対し「こんな感じだったらできる」と僕が言うと、近藤君が「そこは誰も気にならないんだよ。気になるのはこっち」と意見を言い、「そっちの方向だったら、物理的に考えてこうだね」と相談します。僕がとても面白いと思った物理現象に、近藤君がまったく興味を示さないこともあります(笑)。この打ち合わせを疎かにしてしまうと、書き直しになりがちなんですよね。

▼今まで考えてきたさまざまな話題の中で、特に印象に残っているのは仕事の単位「ジャバ」である[図5-2]。

怪獣たちの強さを比べようとしたとき、ある怪獣は力を自慢し、ある怪獣はエネルギーを自慢し、ある怪獣は仕事率を自慢している。これは、比較のしようがないのですが、誰かひとり基準を置いて、その人の何倍ということだったら可能なのではないかと思いました。基準となる人を誰にするかは大変悩んだのですが、「強さ」であればジャイアント馬場[*1]かな、と思い立ちました。一九九七年当時としては、

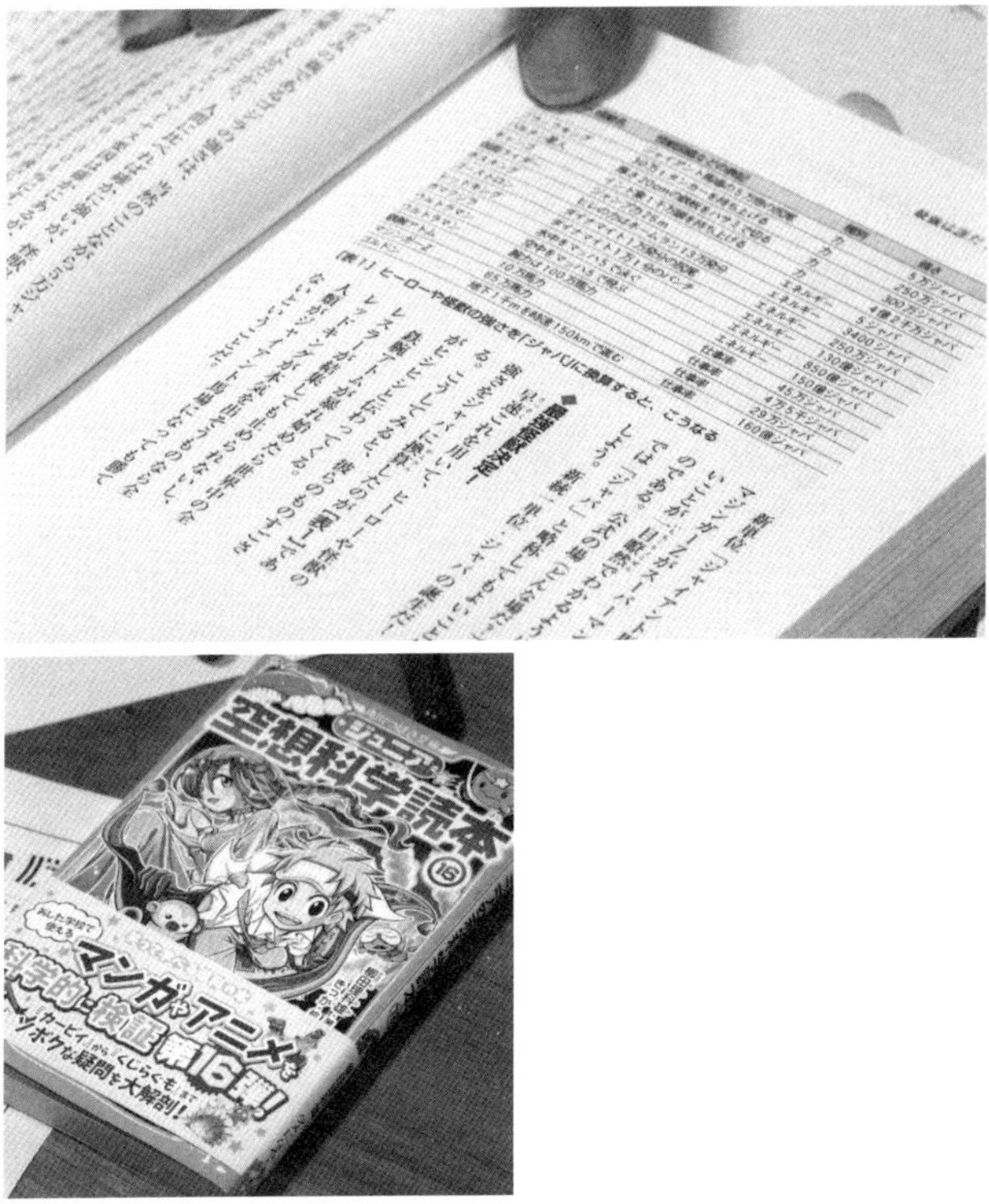

図5-2 「ジャバ」を扱った記事(上)、『ジュニア 空想科学読本16』では、その後の進展についても触れられている(下)。

*1 一九三八-一九九九。元プロ野球選手・プロレスラー。プロレスの一時代を築き国民的なスターとなった。

これほど分かりやすい人はいませんでした。

ジャイアント馬場の強さについて一つだけ分かっていたのは、若い頃に120キログラムのバーベルを上げたということ。ここから、力は120キログラム重を「1ジャバ」としました。ジャイアント馬場の身長だったら、2メートル80センチの高さまでバーベルを上げたのではないかと仮定して、

$$120[kg] \times 9.8[m/s^2] \times 2.8[m] \fallingdotseq 3300[J]$$

と、ここからエネルギーの単位を決めました。また、ジャイアント馬場はバーベルを上げるのに二秒はかかったのではと仮定して、仕事率を出します。これを、統一した単位として使用するのです。『鉄腕アトム』の十万馬力も、ジャイアント馬場何人分と言うことができます。物理の世界では絶対にやってはいけない異種な量の比較をやったのですが、これが忘れられません。古くからの読者の皆さんだと、印象に残っている原稿としてよく挙げていただくのがジャバですね。

ビームで作る焼きリンゴ

▼実際の科学者との交流もある。それも学生の頃の友達との縁で生まれた。

高校の頃の同級生の立川真樹君が、現在、明治大学で物理学科の教授をやっていて、彼の勧めで週に一度、理工学部で講義をさせてもらっています。今でも、お互いに忙しくないときは昼食を一緒にとりますし、学期末の打ち上げを企画したりします。そこには数学科の矢崎成俊先生も、よくおいでになり

ます。明治大学の先生で言えば、雪氷物理の長島和茂先生、赤外線レーザの小田島仁司先生など、何人かの方々と仲良くさせていただいています。

▼そのような方々からさまざまな助言をいただくこともある。

長島先生から、平松和彦先生（当時、福山市立大学）をご紹介いただき、雪の結晶を作る実験を子供たちと一緒にやる許可をいただきました。

また、小田島先生は、20ワットの自作のレーザ発振装置を持っているのですが、アニメや特撮の世界では、レーザをよく武器に使うため、どんなふうに使えるか実験させていただきました。まずは、リンゴに当ててみたのですが、なんとリンゴの炭水化物が燃えて、表面に穴が空き、そこから炎が噴き出しました。卵もよく燃えました。最後に、人間の肉が焼けてしまうのかを確認する必要があるので、仕上げにとんかつ肉を使いたいとお願いしたのですが、「それは勘弁してくれ」と言われました。やはり、タンパク質系は臭いが凄いことになるようです。

立川君は可視光レーザが専門で、10ワットの緑色レーザを持っています。このレーザは黒い紙などには吸収されて、焦げて穴が開きます。風船で試したところ、赤い風船では補色のため吸収されてすぐに割れます。ところが、緑の風船は一分やっても二分やっても割れません。ここから結論されることは、緑色の可視光レーザを放つ宇宙人がやってきたら、緑色か、すべての色の光を反射する白い服を着ていればまず大丈夫だということです。赤い服を着ている人は、赤い光線を発射する宇宙人のところに行けば良いのです（笑）。

▼一般の読者に向けたさまざまな工夫が施された「空想科学読本」であるが、科学を分かっている方々からの反応はどうであったか。

まさかシュテファン‐ボルツマンの法則をそんな形で使うとは思わなかった、などとよく言っていただきます。よくご存じの式が、思わぬ形で使われているのが面白いようです。

一方で「その考え方はおかしい」という意見もたくさんいただきます。この批判については、覚悟を決めています。と言いますのも、「空想科学読本」を書き始めた頃は、条件を示して、この定理をこういう風に使ってと詳説し、減点方式の読み方に耐えられるようにしようとしていました。そうでないと、論文としては通用しません。ところが、すべてを正確に書いてしまうと、読み物としてまったく面白くないのです。そういう背景を知っている方は、たぶん批判はされないと思うので、この点についてだけは、分かる人に分かればいいと思っています。書き始めた当初は、正確を期そうとする癖がどうしても抜けなかったので、大変苦労しました。

▼海外においては、実際の科学者の中にもファンがいるという。

このシリーズは台湾でも出版されているのですが、台湾では大学の先生もよく読んでくださっているようです。先日台湾に伺ったときに研究者の方にお会いしました。日本では、研究者の方との交流は明治大学以外ではあまりないのですが、台湾では、大学の先生が本の帯に「面白い」と寄せてくださったり、「〇〇さんという研究者がいて、あなたのファンですよ」と教えていただけたりもします。

日本でも、『空想科学読本』を読んで科学を好きになり、理科や数学の先生になったという話をよく聞きます。先日、神保町の書店で「『空想科学読本』で人生が少し歪んだ人たちの集い」という大人向けのイベントを行ったときは、本を読んだことがきっかけで研究者になった、という方が三人ほどいらっしゃいました。

この本に書いてある「間違い」に気づく大人になって欲しい

▼塾の講師や経営を経験されたこともあり、現在の数学や理科の教育については思うところがある。

数学や理科は出会い方がとても大事だと思います。最初に嫌な経験をしてしまうと、何もかもが壁に見えてしまうのです。

九九は、お経のように暗記しても仕方がないと思います。たとえば九の段は、一の位が上から9、8、7、6、5、4、3、2、1と並ぶ、あるいは三の段と七の段は、一の位がすべて別の数字になるなど、そういう規則に気づくと楽しいものです。ところが、そういう「面白がれる時間」が今はまったく取れない状況になっています。小学校では、英語とプログラミングが始まりますので、この傾向はこれからもっと強くなっていくはずです。不幸な出会いをする子どもたちをたくさん作ってしまうのではないかと心配しています。

理科も数学も、「勉強」なのか「遊び」なのか分からない状態でやるのがいちばん面白いと思います。「なぜ、各位の数を足して9で割れる自然数は、その数自体も9で割れるのか」とか、中学校に入れば

図5-3　「空想科学読本」シリーズのカバーで用いられた模型の一つ。オフィスに飾られている。

簡単に文字式で証明できますが、それ以前の段階で「楽しむ」「考える」時間が、もっとあってほしいと思います。

▼『空想科学読本』が科学との良い出会いとなって、好きになるきっかけになればと語る［図5-3］。

もともと塾の先生なので、質問されるとどうしても答えたくなります。「より分かりやすく、より正確に」は心掛けたいのですが、基本的にはエンターテインメントの本だということは忘れないようにしています。「この本を読んで理科が好きになりました」と言われたら、本当の感想だと思うのですが、「この本を読んで理科ができるようになりました」と言われたら、「それだけではないでしょう」と思います。必ずその間に自分がやった勉強の成果が入っているはずですから。これを読んだだけですべてが分かるように書いていませんし、基本的には科学への入り口の役割を果たせば、それで充分と考えています。

たとえば、「両生類とは何ですか」という質問に正確に答えようとすると大変ですが、僕は意図的に「両生類とはカエル、イモリ、サンショウウオのことです」といった答え方をします。まず、こういう形で理解してもらって、これをきっかけに生物に興味を持って、自分で勉強してくれれば。その過程で僕が間違いを書いていたことに絶対気づきます。「柳田があんなデタラメを書いていた」とあとで思ってくれたら、こんなに嬉しいことはないですね。

［二〇一九年四月一〇日談］

[新装版]空想科学読本1

著／柳田理科雄
発行所／KADOKAWA／メディアファクトリー
発行日／2006年7月21日
判型／四六判
ページ数／255ページ
定価／1200円+税

柳田理科雄

やなぎた・りかお

1961年、鹿児島県熊毛郡南種子町生まれ。東京大学理科I類中退。塾講師・経営者を経て、現在は、作家、株式会社空想科学研究所主任研究員、明治大学理工学部兼任講師。近著に、『空想科学読本「高い高い」で宇宙まで!』(角川文庫)、『ジュニア空想科学読本26』(角川つばさ文庫)などがある。

6

医療と数理科学の間の翻訳者として

植田琢也氏にきく（画像診断医、東北大学大学院医学系研究科、東北大学病院AI Lab）

本章では、東北大学の植田琢也氏にご登場いただく。植田氏の職業は「画像診断医」というものである。医学と数学にどのような繋がりがあるのか、仙台の研究室よりＺＯＯＭにて話を伺った。

医学の世界は意外と文系的

▼植田氏が数学に興味を持ったのはいつ頃なのだろうか。

高校の頃から僕は数学が好きでした。その一方で、僕の通っていた高校は名だたる進学校で、周りに『大学への数学』（東京出版）を読んで「学力コンテスト」をやっている人たちが結構いました。できる人は中学一年生の頃から微積をやっているなど、常に数学で競争しているような感じがしていました。

▼数学や物理に興味のあった植田氏は、理工系の大学への進学も考えていたが一転する。

もともとは、数学など理詰めで考えるのが好きなのですが、人と関わる仕事がしたいなと思って、受験をする数か月前に医学部のほうに急に進路変更しました。

▼医学部へ入学した植田氏。医学部は数学などの理系学部とは文化が違うのだと実感する。

医学部は、もともと理系科目が割とできる人たちが集まるはずなのですが、医療行為自体は本来文系チック、というか、理論がどうだと言うよりも「患者さんが助かれば別に良い、方法は問わない」という考え方なのです。実際、理屈抜きにやられていることも多いです。これは、人体はまだ解明されていないことの方が多いのが理由のひとつで、現時点での医療の最適解を求める学問が医学なのです。数学は理想を追い求めることが多いと思いますので、そのあたりが、数学と医学で大分違うなと思います。

▼数ある専門の中で「画像診断学」を選んだのは、医学のなかで一番理詰めで考える分野だったからである。

病院では普通、患者さんを直接診療しますが、私が学生時代の医療は勘に近いというか、明日の天気予報を当てるような、「とりあえず経験して学びなさい」という手法でした。そのような中で画像診断学は、細かい所見として形の情報を捉えて、それを総合し、どういう病気になるのかを理詰めで考える分野だったので、数学好きの私には向いていたのかも知れません。

画像診断医とは？

▼「画像診断(専門)医」は、内科や外科などと同じように医学部・大学病院の講座や専門科(放射線医学、放射線科など)、一般病院に所属しているという。画像診断医とは、どのようなことを行う職業なのだろうか。

撮影された画像を見て診断を行うのが仕事の一つです。撮影自体を行うプロフェッショナルもおり、これは「放射線技師」と呼ばれる別の職業です。画像診断医のもう一つの仕事は、撮影方法の探求です。日進月歩で撮影装置が進化していきますが、撮影の方法もどんどん変わっていきます。今までは分からなかった病気も、装置の進歩により画像でどんどん分かるようになってきていますので、僕らは、どういうふうに撮影したら該当の病気にアプローチできるのかも研究していきます。

▼私たちが日常的な検査でお世話になるのはX線やCT、MRIなどであるが、これらの画像は数学的に処理される。

臨床で使用されるCTやMRIの画像は、基本的に白や黒が数値で表されるデジタルな行列なのです。これにいろいろなフィルタをかけて、画像処理を行って診断していきます。「フィルタ補正逆投影法」などと呼ばれ、これ以外にもいくつかの手法があります。

▼画像診断医の領域は、上記のほかに、超音波やバリウム検査、カテーテルなど多岐にわたる。植田氏が画像診断医となって二十年以上経過しているが、装置の進歩は凄まじい。

昔は、呼吸を長時間止めなければ臓器が撮影できませんでした。当時、一スライスを撮るのに三秒ぐ

らいかかりましたが、呼吸を止められるのは、せいぜい十五～二十秒ぐらいなので、四～五枚しか撮れません。このような状況だったのが、時を追うごとにどんどん改善していき、今では、全身が二秒あれば撮影できます。下手をすれば呼吸を止めなくても撮れる、くらいの速さになっているのです。

その究極の形が、「心臓の動きが撮れる」というものです。CTスキャンの時間分解能は、以前は一秒でしたが現在は百ミリ秒ぐらいです。なので、一拍一秒の心臓の動きを十分割ぐらい撮影できるのです。

▼CT以外にもさまざまな検査が進化している。

たとえばMRIは物理現象、具体的には共鳴現象を用いていますので、磁場のかけ方によって、水が多い、脂肪が多いという物性が見えてきます。また、パルスのかけ方によって血流が速いところだけ光らせることもできます。最近ですと、がんや脳梗塞の診断に用いられる、「拡散強調画像」と呼ばれるブラウン運動が速い場所だけ光る画像が登場したり、脳の神経伝達の等方性を利用して、ベクトルを上手く繋いで脳神経を描き出す「テンソルイメージング」などもあります。これらがこの十五年ぐらいで実用化されており、いろいろなものが見えるようになってきています。

数理的研究を行うようになったきっかけ

▼もともとは臨床医であり、片手間で画像処理の臨床研究を独学で行っていたという植田氏。研究を本格的に始めたきっかけは大学における分野間のコラボレーションであった。

医者になって六〜七年経った三十代の前半ころに、当時所属していた千葉大学において、工学と医学とのコラボレーションをしましょうという機会が設けられました。医学部と工学部をくっつけた組織を作るので、その中で数学と医学を使って何かをやってみなさい、ということで、そこで当時千葉大学にいた水藤寛さんと知り合ったのです。このスタートアップで三年くらい一緒に過ごしました。

▼水藤氏はその後、岡山大学に、植田氏は筑波大学へ異動し、一時期疎遠になったが、研究再開のきっかけとなったのがJST「さきがけ」の数学領域である。

筑波大学からスタンフォード大学に異動して仕事をしていた二〇〇六年頃に、水藤さんから「さきがけ」に応募して「医療×数学」という仕事をしたいから、これからはがっつり組んでやりませんかというお誘いを受け、本格的な共同研究を始めました。胸部大動脈の病態メカニズムの研究なども、その頃に水藤さんと行ったものです。[*1]その後、何年かして「CREST」という枠でも採択され、そこから十年くらい研究グループが続いています。最初は、僕と水藤さんだけだったのですが、僕が医療側の人を紹介し、水藤さんが数理科学と工学の人を紹介し、徐々に大きくなっていきました。[*2]

▼水藤氏と植田氏は後年、東北大学で偶然再会することになる。

水藤さんはその後岡山大学から東北大学に移り、僕はスタンフォードから聖路加国際病院という一般の病院に移ってしばらく勤務したのですが、東北大学から偶然声がかかり、同じ大学で再会することになりました。CRESTの枠を越えて現在も一緒に研究しています。

医療の研究はニーズが先に立つ

▼数学と医療における研究の発想は、まったく違うと植田氏は語る。

数学の場合は、どちらかというと理想というか理論から入り、それを突き詰めることで新しいことが分かりますが、医学の場合は、どちらかというと道具が良くなって、今まで見えなかったものが見えるようになったことで新しいことが分かってくる、という流れになっています。また、数学は道具や手法自体に重きを置きますが、医学はニーズを中心に考えるのです。

▼考え方のポイントは「デザイン思考」というものである[図6-1]。

デザイン思考は企業が開発を行うときの手法です。世の中には技術やツールからものを見る見方と、

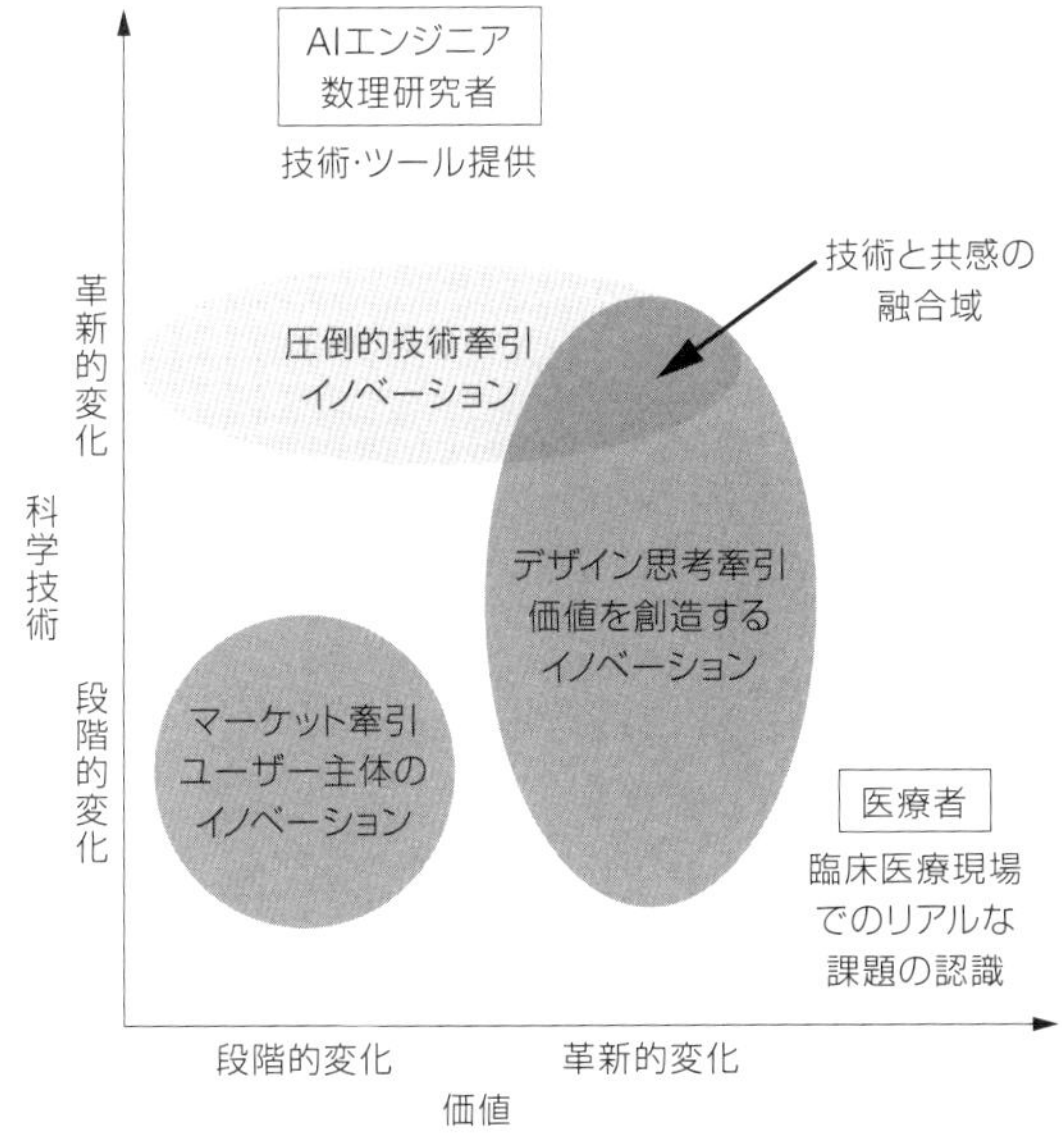

図6-1　デザイン思考イノベーションの概念図(Philips Kembaren, Togar M. Simatupang, Dwi Larso, Dudy Wiyancoko "Design Driven Innovation Practices in Design-preneur led Creative Industry", *J. Technol. Manag. Innov.* 9 (3), 2014をもとに作成)

＊1　たとえば、水藤寛、植田琢也「胸部大動脈における血流の数値シミュレーション」『Medical Imaging Technology』28(3)(2010)、pp. 175-180 などを参照(ウェブで入手可能)。

＊2　JST CREST「臨床医療における数理モデリングの新たな展開」
https://www.wpi-aimr.tohoku.ac.jp/suito_labo/CREST/

それがどういう価値を持つのかという見方がありますが、後者がデザイン思考です。

いま僕はＡＩの研究を中心に行っているのですが、数理の人たちは、いかにその数理モデルが高度かということをすごく気にします。一方で僕ら医療者は、シンプルなモデルでいいので、とにかくこの課題を解きたい、ということが先に立ちます。このアプローチの違いで苦労もしています。

ニーズがあり、しかも圧倒的な技術力や手法が結びつくものは、双方の共通部分を追求することによりお互いWin-Winになって新しいイノベーションが生まれます。水藤さんのような数理の人たちと付き合ってみると、いくらすごい手法でも僕ら医療者にとっては「もっと良い使い方があるのでは？」というものが多いんですよね。それは、数理の人たちが行っている研究がおかしいのではなくて、需要に対する価値を見出せないためで、そこが交わる部分を水藤さんとずっと探してきました。今、そのあたりの集大成として、大学病院で医療とＡＩを繋ぐための取りまとめを行ったりしています。

異分野協働はコミュニケーションで苦労する

▼学生時代には数学のことが得意であった医療者も、実は微分や積分が出てきただけで心を閉ざしてしまうのだという。
高校数学以上の高度な数理のことは、医療者はあまり分かりません。数理の方が持っているツールは難しい数式で書かれていたりしますが、実はこういうことなのです、と解きほぐして医療者に伝える必

要があります。逆に医療者の持っているニーズは数理の方々の言葉で説明します。僕はその間を取り持っている形です。

▼植田氏の「画像診断学」が医学の中でも特殊な環境にあることもコミュニケーションを意識することに影響している。

普通の医療は臓器ごとに分かれていて、眼科は目しか診ないし、歯科は歯しか診ないし、消化器外科は消化器しか診ないのですが、僕は画像があればどこの臓器でも対応します。そのときどきによって、分野のニーズにマッチするような研究をしているのです。現在いちばん力を入れて扱っているのは乳がんで、乳腺の画像のＡＩを使った研究を行っています。

▼ＡＩの研究は初登場から現在まで何度かブームが起こっているが、今回は少し違う展開になっているという。

今まで、機械学習やＡＩは出ては消え、出ては消えしていきましたが、今回は実社会に浸透してきていますし今までとは違います。鳴り物入りで医療にも入ってきて騒がれましたが、これからは医療者と数理の人がお互いの言葉を理解しあっていかないと、「ＡＩは意外と医療に使えなかったね」という話になりかねません。

▼身近に水藤氏のグループがいたことはとても幸運だったと語る。

膝を突き合わせて話せる数理の人たちが近くにいたので、「それってどういうこと？」と簡単に聞けました。象徴的な例で言えば、僕ら医療者が言う「流れ」や「乱流」という言葉は、数学や物理の人たちが使うものと定義自体がそもそも違っており、医療者たちはそのことを知りませんでした。そのあたりの言葉をすり合わせるだけで数年かかりました。

▼お互いの文化を理解することはとても大切である。

たとえば、日本語と英語の翻訳を考えたとき、ただ単に訳すだけで何とかなるのかと言えば、ちゃんと背後の文化を理解していなければ正しい翻訳にならないですよね。こういったことを、水藤さんたちとずっとやってきたという経緯があります。研究の話をガチで行うときは、医療者と話すときは僕が翻訳者に、数理の方と話す場合は水藤さんが翻訳者の役割を担います。数学者の方と水藤さんを通さずにガチで話すと、いまだに噛み合わず、分からないことが多いです。

▼異分野協働で重要なことは、お互いに価値観を認め合うことである。

先ほど話したように、医療者は理論は合っていなくても結末が合えばいいという感じですが、数理の人はそれではダメですよね。時間感覚の違いもあって、たとえば検査をするとき、数理の人は一か月かけて精密な値を求めがちなのですが、医療者は明日出てくるざっくりした値の方が良かったりします。

自分の価値観はしっかり持っていたほうがもちろん良いのですが、異なる価値観があることを許容しない人と共同研究をするのはとても大変です。数学にも医療者にも頑固な方はいらっしゃいます。ダイバーシティというわけではないですが、違う生物であることを許容したうえで、自分の土俵でものを語ることができれば、交わることで新しいものが生まれるのではないでしょうか。

医療画像のデータ解析における課題

▼最近の画像解析に使われる数学は、数理モデルよりも統計科学的なデータ分析の方が多い。

昔は撮影した画像をいかにデータ化するかが研究の主眼でしたが、最近は臨床データ等のビッグデータのデータ解析をやっていて、解析したものをいかに可視化するのか、いかに視覚的に訴えて理解しやすくするのかに研究の主眼が移りつつあります。

▼このような方向に研究が移った背景には、二〇一〇年代のビッグデータブームがある。

アルゴリズムやプログラミングが専門の方々は盛んに機械学習を研究されて、二〇一〇年代から海外の医療データを用いた解析などもやられていたのですが、僕らのような臨床の目線からすると、すごい数学的な道具を持っていてデータを大量に解析したのに「えっ、この解析?」というものが結構多いのです。データの中に臓器が逆さに写っているものがあるとか、撮影自体がめちゃくちゃで読めるわけがない、というものがいっぱい入っているのです。医療者ではありませんので、数理の方々はその間違いには気づきません。「ビッグデータがあったからとりあえず計算してみた」ではなくて、「データから何

を引き出したいのか」が重要で、特に臨床への応用を考えると、こういう設定で、このようなデータが必要だという形でセットアップをしないと、医療にちゃんと活かせる価値のあるものは出てこないのです。

▼データが重要ではあるが、実は日本においてまっとうなデータを収集することは非常に難しい。

まず、医療データはすぐに大量に得られるものではなく、収集を始めてから終えるまで十年くらいかかります。そして日本においては、地方などで医療データをお互いでぱらぱらとやり取りしていますが、そもそも目的があって収集されたものではありませんから、たくさんの数を集めてもフォーマットが全部違うのです。

アメリカはその点に気づいて、こういうデータを取ればこれだけのお金を生み出せる、という形で研究デザインを行って、五年ぐらい前からきっちりとしたデータベースの構築を始めました。現在、その成果が数多く出てきています。

▼情報管理において、日本はアナログマインドが強い国だと植

田氏は語るが、日本が優れている点もある。

日本は、臨床画像の撮影技術や質は圧倒的に高いです。僕は日米で仕事をしましたが、アメリカではフォーマットはしっかりしていても、CTやX線の写真の撮影があまりきちんと撮影されていないことも少なくありませんでした。日本は撮影が丁寧でデータのクオリティーが高いのですから、仕組みをちゃんと作ってフォーマットをしっかりすれば、良い成果が出せると思います。

▼このような場面でも、異なる分野の専門家が膝を付き合わせて話すことが重要である。

医療者は医療者で、データを渡せば何か結果が出るんでしょうと思っているし、データサイエンスの人たちは、データがあれば医療者は要らないと思っている、という議論がよくありますが、学問とはそういうものではなく両方の知見を合わせて真価が発揮されます。

僕がいま行っているAＩの研究は、モデル自体は工学側からいろいろ学び、自分でモデルを新しく創出することはしていません。ですが、「医療者はこう考え、背景の病理学や細胞はこういう情報なので、このアルゴリズムが合うだろう」という既存の知識とモデルをうまく組み合わせて体系を作りたいと考えています。

臨床医療の現場で解決が求められている数理的な課題

▼医療の現場で未解決であり、数学が必要とされていることがある。それは、時間経過とともに変わっていく変化のダイナミズム解析である。

「刻一刻と変わっていくもの」の状況を解析する方法はまったく確立されていません。人間の病態は時間経過の予測が非常に大切なのです。医療統計を例にとると、あるスタート時点の状態があって、最初にA地点に行った人とB地点に行った人が、五年後にどの程度亡くなるのか、ということは解析で予測できます。その一方で、Aさんが B地点に行ってC地点に行ったあとにどうなるのか、とか、同じ状態から出発した二人が、ある人はA地点に行って、ある人はB地点に行って、そのあとそれぞれどう変わるのか、などはまったく分からないのです。

また、たとえば変化していく状態を「異常」と捉えるのか「単なる誤差の範囲」と捉えるのかは、数理的な研究としても面白いのではないでしょうか。

▼このような問題の解決のためには、数理モデルの構築と統計科学的なデータ解析の融合が必要なのではないかと語る。

医療の場合は、すべてを公式で解くとなると複雑すぎて難しいのです。そこで、あるところを理想化してモデリングするのですが、今度は別のところが成り立たなくなってしまいます。これは、ある決まった状態をモデリングしているのですから仕方がありません。そういう意味からすると、一部分は統計データを基に、一部分はちゃんと演繹的にモデル化すると良いと思います。

現在は帰納的なデータサイエンスと演繹的な数理モデルとが分かれてしまっていますが、感染症疫学の西浦博先生(京都大学)の活動などのように、今後融合できるようになれば、時系列の変化などが数理的に解決できるのではないかと素人ながら思います。

コロナで価値観が変わり、いろいろなものが繋がりやすくなった

▼植田氏が若い学生に伝えていることがある。

この一〜二年くらいで、世の中はものすごい勢いで動いており、今までの価値観がまったく変わってきています。たとえば、僕らであれば医療分野だけに、医療の中でも画像診断学だけ、など一つの分野に留まる時代はもう終わったと思うのです。今後、さまざまな情報や分野がうねりを上げて統合されていくと思いますので、若い人たちはいろいろな人と交わって、それを内包しながら自分の強みを活かしていくことを考えると、楽しくなるのではないでしょうか。

▼これからは、価値観は一つだけではなく多様な価値観を取り込んで仕事ができると良いという。

データサイエンスが科学の世界において爆発的にブームになったのですが、それだけでは医療者は動きませんでした。しかし、新型コロナウイルスが医療者の今までの価値観を完全に破壊しました。僕らは細々と数理と医療を軸にいろいろと活動してきました。五年前の僕は「わけの分からないことをやっている」と変態扱いだったのですが、新型コロナウイルスの流行により、医療者がこれほどまで数理に興味を持っている時代はありません。医療者で数理に興味のある方、数理科学が専門で医療に興味のある方は、手を挙げてもらうと良いのではないでしょうか。ぜひ一緒にやりましょう。お互いにスキルを持つ部分で、何か新しいことを世界に発信できるのではないでしょうか。

［二〇二一年六月二九日談］　［写真本人提供］

植田琢也

うえだ・たくや

画像診断専門医。東北大学大学院医学系研究科画像診断学分野教授。東北大学病院AI Labディレクター／病院長特別補佐。千葉大学医学部卒業。千葉大学、筑波大学、スタンフォード大学客員講師、聖路加国際病院、東北大学病院を経て、2018年9月より現職。

7

上山大信氏にきく（住職、鯉原山浄泉寺、武蔵野大学）

数学者、住職になる

数学の外側で活躍する人々を取り上げる本書であるが、本章だけは数学者を取り上げたい。上山大信氏は、応用数学の分野で活躍する数学者だが、ただの数学者ではない。なんと、山口県にあるお寺の住職でもあるのだ。本章では、そんな上山氏に子供の頃の様子から、研究者・住職としての活動、数学と仏教の共通点・相違点などを伺った。

「お寺の息子」という宿命から逃れたかった

▼上山氏は山口県にある浄土真宗本願寺派・鯉原山浄泉寺《りげんざんじょうせんじ》の長男として生まれた。

お寺の子供の名付けには二種類あって、生まれながらにお寺での名前にする方と、途中でお寺での名前に変える方がいます。私の父は「大峻《だいしゅん》」と言いますが、子供の頃の名前は「峻《たかし》」で、途中から変えたそうです。僧侶の場合は職業上の理由ですから、氏名変更が比較的簡単にできるらしいのです。ただ、父は途中からの氏名変更で嫌な思いをしたそうで、私には最初からお寺の名前を付けました。浄土真宗の場合「釋」という共通の文字が法名の先頭につくので、私の法名（仏様の弟子としての名前）が「釋大信」で、俗名（俗世での名前）が「上山大信」となります。

▼上山氏は数学が得意ではなかった。

子供の頃は名前のことやお寺のことをいろいろ言われて嫌だったのです。そのお寺からできるだけ離れるために、まったく別の方向を勉強をしたく理系を志向しました。ただ、算数・数学はそれほど好きでも得意でもなく、どちらかというと理科が好きでした。

お寺の境内にはアリがいたりカエルがいたり、水が溜めてあったり、そういうものをいじって遊んでいました。例えば、溜めてある水を綺麗なものに入れ替える作業がありました。最初はお玉みたいなもので作業していたのですが、それが面倒なのでホースを持ってきました。新しい水を入れ続ければ、それで全部入れ替わるかと思っていたのですが、偶然蛇口のホースが外れ、そこからチューッと水溜めの水が抜けていきました。いわゆる「サイフォンの原理」で、私はこれを自分で再発見したのです。名前が付いた既に知られた現象であることは数日後に教わりましたが、私は近所の友達に「すごいことを発見した」と家まで呼びに行って実際にその現象を見せたりしました。

▼進路の決め手となったのは、小学校高学年で買ってもらったポケットコンピュータだ。

鯉原山浄泉寺［写真本人提供］

その頃、カシオのPB-100が発売され、それを買ってもらえたのです。これはポケットコンピュータの走りでBASICが動きます。それでプログラミングを初めて知りました。プログラミングの本があり、書いてある通りに打ち込めばトランプゲームができたりして、これは凄いと思いました。打ち間違えても何か動くのですが、変な動きをするわけです。そこでプログラミングの面白さを知りました。そういえば中学校へ持っていって先生に取り上げられたこともありました。

父は新しいものが好きだったので、当時の最新のパソコンを買って、データベースで門徒さんの管理を始めました。そのパソコンは音も出たりしたので、それでもプログラミングを始め、その後、中学生の頃にはPC-8001mkIIを買ってもらいました。今から思えば贅沢な話ですが、それで高校まで音楽やデータベースを作って遊んでいました。そういう意味では僕のベースはプログラミングにあります。今でいう情報系に子

写真本人提供

供の頃から触れられた最初の世代で、ちょうどいいタイミングだったんですよね。

▼ただし、それを使って研究者になるつもりはなかった。

当時から父との間に確執があって、私は寺から離れたいと思っていましたが、父からは寺を継がないといけないと言われていました。高校生の頃はネットワークという概念が浸透する前で、「パソコン通信」が始まった時期でした。私は「将来的にはコンピュータで遠隔地でもできる仕事があるはずだ、お寺との共存はできるのだ」と、父に言っていました。実際、現在は学生をSkypeなどで指導していますから、そういう時代になったんですよね。

龍谷大学の理工学部一期生

▼田舎唯一の進学校で学生生活を送った上山氏。大学進学はお寺の関係と偶然のタイミングが重なったという。

現在、勤めている武蔵野大学も実は浄土真宗系の大学なのですが、同じく浄土真宗系の大学として有名な龍谷大学が京都にあります。私の父も当時は仏教学で龍谷大学の教授をしながらお寺の住職をしていました。ちょうどその頃、龍谷大学に理工学部ができました。数理情報学科の学科長が山口昌哉先生で、父と少し関係があることもあって、新設工事の最終段階の頃に父と見学に行ったのです。そのときに建物などを見てなかなか綺麗だし、ＩＢＭの大型コンピュータを見せてもらったりして、こんなものが使えるのかと良い印象を持ちました。何校か受験しましたが、結局、龍谷大学の理工学部の一期生として入学しました。

▼当時の龍谷大学は実験的なカリキュラムだった。

当時の流行もあり、一年生から専門科目を履修するカリキュラムが作られていました。コンピュータ教育が充実していて、数学系の松本和一郎、四ツ谷晶二、池田勉、森田喜久、などの各先生も当時からほぼ同じ面々でおられました。三年生のときは京都大学から来られた小澤孝夫先生の下でグラフ理論をやりました。四年生のときは、東京工業大学から赴任された柴山悦哉先生の下で動画像圧縮の研究、これはやはりプログラミングがメインでした。

▼大学三～四年生の頃はコンピュータグラフィックスにどっぷりはまった。

コンピュータルームにＳＧＩ(シリコングラフィックス社)という会社の機械が箱に入って置いてありました。ＳＧＩはグラフィックス専用の計算機を作っていた会社です。このコンピュータは実は、私が慕っていた小林亮先生(当時龍谷大学、現在広島大学名誉教授)が大学の予算で購入されたもので、興味を持つ学生が現れないかと待っていたそうです。数千万円すると言われて、「これは僕らの授業料で買っているんですよね、ちょっと使わせてもらいたい」ということで、ほかに使う人もいないのでほぼ専有させてもらいました。当時は、三次元のグラフィックスが高速にリアルタイムで描けるマシンはこれしかなかったので、授業で習ったローレンツ・アトラクタを描いてみるなど毎日夢中でプログラミングをしていました。

あるとき、小林先生が三村昌泰先生（当時広島大学）と辻川亨先生（当時広島電機大学、現在明治大学）と共同で、増殖項の入った走化性モデルの研究をされていました。そのシミュレーションの可視化をして欲しいということでやってみたのです。すると、時間発展で解の形状がうねうね動くのですが、どうもその面積が一定に見える。そこで面積を求めてみたらほぼ一定になることが分かったのです。その結果、「君も共著者になりなさい」と言われて私も論文に名前を入れてもらった。これが私の最初の共著論文になりました[*1]。三村先生との出会いもこのときです。

研究者には人との縁でなれた

▼大学院修士課程は同じ龍谷大学の小林氏の研究室で、BZ反応の渦巻き模様の形成の研究を行った。

私がその後、たくさんお世話になるグレイ‐スコットモデルというものがあって、そのモデルで面白いパターンができることを、J・E・ピアソンが『Science』に投稿したのですが、そのプレプリントを三村先生が持ってこられたのです。シミュレーション写真を小林先生と私が見て、これは凄いなと思いました。

▼当時、偏微分方程式のシミュレーションはコンピュータでできるようになっていたという上山氏。その結果がまるで細胞分裂のようでとても感動したという。

グレイ-スコットモデルは資源-消費型の方程式で、一次元の解としてグラフを書くと割となだらかなのですが、これをフィッツヒュー-南雲方程式のようなパルスにしたかった。それを作るためにはどうすれば良いかと考えたのですが、層平面上の解軌道の形、常微分での解の性質が大切だと気が付き異なる方程式を作ったのです。これはとてもわくわくする経験で、四六時中「どうすれば？」と考えていました。

▼博士課程は、龍谷大学のセミナーでもお世話になった西浦廉政氏のもとへ。西浦氏は広島大学から北海道大学へ移ったばかりで、小林氏を助教授で採用することとなり追ったのだという。

西浦先生は当時、厳密な証明を伴う解析学の仕事を主にされていたのですが、北海道大学に移る段階で、証明はできないけれど、計算機援用である程度確かなことを言えるような仕事もしていくという覚悟を持って行かれたようです。そこにちょうど私が来たので、私と自己複製パルスの研究をしようと話していました。

スタートは、先ほど述べた私が修士の頃に作った方程式です。私自身は細胞分裂のように進んでいく

＊1　M. Mimura, T. Tsujikawa, R. Kobayashi and D. Ueyama, "Dynamics of Agregating Patterns in a Chemotaxis-Diffusion-Growth Model Equation", *Forma* 8 (1993), pp. 179-195.

二次元の問題に興味があったのですが、一次元でも綺麗に割れて行きます。この方程式にはパラメータが二つあるので、数値の違いでどういうパターンが出るか全部調べました。

▼コンピュータを駆使した半自動のシステムで結果を相図として表した上山氏。この相図が重要なのだという。

パターン形成を引き起こす要因となる部分があって、その周辺のダイナミクスをしっかり調べると、何がもとでこのパターンになるのかがある程度分かる。生き生きとした時間発展パターンの説明に、動かない不安定な定常解（分水嶺解）が重要な役割を担っていることが分かりました。ここでの大域的な分岐解析というのは、要は定常解の解析だったわけです。これらの数学的な出会いはすべて偶然で、出会った問題を「面白いな」と思ってやってきたら今に至っているという感じです。

▼北海道大学を単位修得退学になった後は、西浦氏や小林氏の推薦もあり、広島大学の三村氏の研究室の助手として就職した上山氏。そこでは、研究の傍らで大学院の数理分子生命理学専攻の立ち上げに携わる。三村氏が明治大学に移った際も、明治大学に招聘されてグローバルＣＯＥの申請および実施、総合数理学部の設置のサポートも行った。この時期、研究者の本分とは言いづらい学部の設置に深く関わったのには理由がある。

父が年を取って寺ができなくなったら、大学を辞めて帰らないといけません。それがいつになるか分からない状態がずっと続きました。三十代という比較的に若い時期は研究に専念すべき大事な時期ですが、私の場合は「今年が最後かもしれない」と毎年思っていて、いつも隠居直前の状態だったのです。そこで、数理科学全体の発展に何か貢献したいというモチベーションが高まり、研究者として（おそらくは）本来業務ではない学部設置等のマネジメント業務も比較的頑張る気になれました。

▼武蔵野大学への異動もタイミングであった。

武蔵野大学でも、先の龍谷大学理工学部や明治大学総合数理学部のように、工学部の新設を行ったばかりでした。武蔵野大学も浄土真宗系の大学ですので、研究者として宗派に何か貢献できないかと以前より考えていました。そこに、武蔵野大学からのお誘いがあり、学部新設に携わった経験も活かせるよいタイミングだと考えました。また、武蔵野大学には、お寺と兼業という研究者が文系学部には多数おられます。完全に大学だけということではなくお寺との共存の可能性も考えました。現在三年目で、当初は専任でしたが、二〇一九年四月にお寺の住職となる関係で特任に変わりました。

数学者、住職になる

▼住職となった経緯は、お寺の長男だからということだけではなく、考え方の変化もあった。

こう言ったら何ですが、僕レベルの研究者はいくらでも代わりがいます。一方で実家のお寺は、僕が辞めて代わりの住職が来ることも不可能ではないですが、十六代も続いるお寺であり、門徒さんに支えられて育ったのも事実ですのでそれは無碍にできない。年を取るとともに少しずつそのように感じられるようになりました。

また最近は脳科学というか、意識の話や思想的な話に興味が出てきたのです。たまに帰省してお寺を手伝ったり門徒さんと話をすると、人の人生は聞いているだけで面白く、人自身の面白さに気付き始めたのです。ここに生まれたのも運命であろうし、わざわざ遠ざけるものでもないと思うようになってきました。

▼お寺での主要な仕事は、門徒さんとのコミュニケーションである。

宗派や地域によって全然違いますが、このあたりの浄土真宗本願寺派のお寺は年末がいちばん忙しくて「御取越《おとりこし》」という法事があります。田舎では各家庭にたいていお仏壇があります。毎年一月にお寺で「御正忌報恩講《ごしょうきほうおんこう》」という法座をするのですが、それに先立ち、各家庭のお仏壇で浄土真宗の開祖である親鸞聖人の法事を行うことを御取越と呼びます。現在お寺の門徒さんは二百軒弱で、基本的には希望される門徒さんの家に行くのですが、それでも百軒ぐらいになり、一一～一二月でそれら家庭を回ることになります。一日三～四軒くらいですが、各家庭でそれぞれ三十分程度のお経を読み、いろいろお話をさせていただき、おおよそ一時間半くらいの滞在になりますので結構大変です。

一方、お葬式はいつあるか分かりません。例えば、昨日誰かがお亡くなりになったら、今日乗る航空券を取っていても、全部キャンセルせざるを得ません。このような激しく不安定な状態でやっていますが、自ら選んだ道ですので仕方のないことです。

▼現在は大学での仕事の傍ら、山口での住職の仕事を並行して行っている。お寺のある山口から大学のある東京・お台場までは片道五時間の長旅である。

山口県の日本海側にお寺があります。大学に向かうときは朝五時半に家を出て、一時間半かけて車で山口宇部空港に行き、そこから飛行機で東京に向かいます。このような生活は、結果的に両方とも中途半端になる可能性もありますので考えるところはありますが、今は実現できる環境を作っていただいているので、できる限りやってみようと思っています。

マルチキャリアによる生活

▼研究者に限らず、お寺と仕事のマルチキャリアで苦労している人が多いのだという上山氏。また意外なことに、理系の研究者の中にも、家業がお寺という方が結構いるのだという。

例えば、国立天文台の台長を務めた観山正見《みやましょうけん》さんも、広島の浄土真宗のお寺の住職です。定年で広島に戻られましたが、今も研究をしながら住職をやっておられると思います。私の父は龍谷大学の文系の研究者でしたが、学長を務めた後、本願寺の教学伝道研究センターの所長を務めたことがあり、そこで首都圏研究者懇談会を始めたのです。第一回は、理系も文系も問わず寺族（お寺出身の者をいう）兼研究者に声をかけたところ、理系の研究者の方も結構集まりました。みなさん理系に進んだのはやはり私と同じような理由ですか、将来はどうするんですか、という共通の悩み話で盛り上がりました。

▼研究活動を行う上での困難は、海外出張へ行けなくなることだという。

海外の研究者との共同研究が研究スタイルであるため、現状海外出張が難しいことが大きな悩みの一つです。外国へ行っている間に門徒さんに不幸があった場合の対応が難しいためです。以前は、近隣のお寺の人に代わりに対応してもらえば良いと思っていたのですが、浄泉寺の門徒さんを代々続けておられる方々は、最後は浄泉寺に葬式をあげてもらいたいと思っておられ、ある種のクラブメンバーを続けておられるわけです。いざ肉親が亡くなったときに、外国に行っているから無理というのはどうもよろしくないと思い直しました。都会の大きなお寺では、お坊さんが複数名いて、一人欠けても葬儀等を寺として行うことは可能ですが、田舎の小さなお寺では、そこまでの経済的余裕はありません。

▼海外へ行くことが叶わなくても、研究・教育活動はSkypeなどの通信を駆使して行えるようになった。

共同研究者や学生とSkypeで通信しています。実は今日、学生が研究発表する機会があったので、昨日は朝晩とビデオ会議を行いました。ただ、山口のお寺の周辺はネット環境が悪くいまだにADSLです。今度、光回線にすると新市長が言っているようなので期待していますが、本当は田舎ほど通信インフラをよくしてもらわないと困るんですよね(笑)。とはいえ、昔と比べればいい時代になりました。

数学と仏教

▼数学と仏教、遠いようにも見える両者には共通点は見いだせるのだろうか。数学者は仏教に興味を持つ方が多いと上山氏は述べる。

例えば山口昌哉先生は龍谷大学におられたことも関係してか、曼荼羅とフラクタルみたいな話に興味を持っておられたようです。

▼しかしもちろん科学と宗教の間には明確な差がある。

科学は基本的に、仮定があって、それをもとに矛盾のない論理を積み重ねて結論を言います。その仮定自体が間違っていれば結論も間違いとなります。数学の場合はその仮定が比較的に少なくて済むため、いわゆる証明というプロセスで厳密なことが言えます。

このプロセス自体は仏教も近く、仮定があって論理展開があるのですが、その論理の飛躍があまりにも多い。これは、数学者としての私を悩ませます。

▼科学と宗教の最大の違いは仮定の扱い方である。

科学の場合、「仏様の存在は仮定である」と認めたうえで論理展開し、「仮定のうえで正しい」という姿勢ですが、宗教になると、仏様の存在を仮定としてしまうと根幹が揺らぐので、「絶対的なものだ」としてスタートします。信心が大事だと言われるのはそのためです。疑心を持ちだすとすべてが崩れますし、崩れたところで救いはありません。それを信じて「そうだ」と思えばとても楽で、問題は解決する。信心は、そういう意味でのある種の知恵ですよね。

科学的な考え方というのは「仮定を疑う」ことから始めるわけですが、これを行うと宗教にはならない。そこが科学と宗教の違うところですね。絶えず疑いをもって生きるのが科学者の役割であり、疑うことを捨てるのが宗教ですから、違いによるある種の苦労もあります。ただ今は、それは完全に切り替えれば良いだけのことだと考えています。

▼住職の重要な仕事である法話は、科学者にとっては苦労するという。

住職となった当初は徐々に父から引き継ぐ予定だったのですが、直後に父が倒れて住職のすべての業務を行うことになりました(令和四年十二月十九日往生)。その業務の一つに法座というものがあり、法座では仏教法話を行うのですが、門徒さんには先ほどの理由で「今の私には無理だ」と言っています。

▼法話の代わりに行うこと、それは、自分の周りの科学の話をやさしく述べて、仏法とつなげることである。

分かりやすい例の一つが「エントロピー増大」です。物事はすべて移り行き、絶えず変化をします。これを仏教の言葉に直すと「諸行無常」になります。

もう一つは「ネットワーク理論」。SNSなどでの交流もそうですし、親戚同士の付き合いもそうですし、生物の食物連鎖もそうですが、すべてのものは因果関係を持って関わりあって生きている。これを仏教の言葉に直すと「縁起」になります。

釈迦が世の中の真理はこれらである、と言ったのが「諸行無常」と「縁起」です。これを今の科学の言葉で言えば「エントロピー増大」と「ネットワーク理論」となり、たしかにこれらも真理です。世の中の人はみんなこれらに注目しているのですと、そういう話をしました。

▼最近は、教義のなかの興味深いパラドックスに気づいたという。

「自己言及のパラドックス」がありますよね。「『この文章は間違っている』という文章は正しいか」というものです。仏教の教えにはこういう言い回しが多いのです。「自分を智者だと思うことは愚者であって、自分のことを愚かだと気づくのが賢いのだ」というようなことが浄土真宗の法話にはよく出てきますが、これはある種の自己言及になっています。説明が困難なことをあえて説明しようとするからそうなるだと思いますが、これが興味深いのです。

浄土真宗のご本尊は阿弥陀如来という仏ですが、この仏様が法蔵菩薩という修行者であったとき「もしこれが叶わなかったら私は仏にならない」という願いを四十八ほど立てた上で仏になられた。阿弥陀仏という仏様になられているのだから、この願いはすべて叶ったのだという論理が出発点です。そもそも仏様の存在は科学では仮定となるでしょう。存在を信じなかったら成り立たない話ですが、現に存在されるということは、これらの願いはすべて叶っていることになります。その願いの十八番目に、「私の名前を唱えて私の国に生まれたいと願う人がすべて私の国に生まれることができないのであれば、私は仏にならない」があるので、我々は「南無阿弥陀仏」と阿弥陀様の名前を唱えることにより必ず救われる、というみちすじなのです。これが「浄土真宗」の根本で、親鸞聖人は、「お念仏は感謝の言葉であり、私を救ってくださいとこちらからお願いするのではなくて、仏様の側から、お前を救わないといられないのだよという願いをもって存在してくださっているのだから、我々はただお念仏を申して感謝すればいいのです」と述べるのです。

ところが、「パラドックス（逆説）」を辞書で調べると、「逆説とは……」と意味が書いてあって、その後に「たとえば『善人なおもて往生を遂ぐ、いわんや悪人をや』」という、親鸞聖人の弟子が書いた『歎異抄《たんにしょう》』にある言葉が載っていて、「これの類」とあると書いてあるのです（笑）。善人といわれる人が極楽浄土に生まれることができるのなら、当然、悪人もできるのだということです。これに至る論理が先ほどの第十八願です。

▼宗教では、時間の使い方も興味深い。

一劫《こう》という時間の単位があります。その意味には諸説あって、すべて誤差の範疇ですが、百メートル四方ぐらいの巨大な岩があって、そこに百年に一度、天女が降りてくる。羽衣でシュッと岩をなでるとほんの少しだけ岩が削れます。それを延々繰り返したら、いずれこの岩はなくなるだろう。その時間が一劫という途方もない時間です。先ほどの阿弥陀様が仏になる四十八の誓いは五劫の時間、修行されたのちにたどり着いたものです。

ポイントはその時間を無限とは言わないことです。どう考えてもすごい時間だけれど有限なのです。ヒンズー周辺の数字の使い方は結構面白く、簡単に無限を使いません。仏様は無限の数いるようなのですが、時間に関してはなぜか有限性を担保する。どのような背景があるのかをいずれ考えてみたいところです。

▼将来は科学も宗教もあまり嘘を言わずに語れるようになりたいという。

浄土真宗の勉強をして説教師の資格も持っておられる方と同じように話すことは、自分にはまだできません。数理科学の話もそうですが、その分野にどっぷり浸かって面白さや背景などを知らないと、自信をもって話はできない。そういうことができるようになるには、やはり十年くらい掛かります。私は今、仏法に関しては素人ですから、あと十年ぐらい経って話せるかどうか…。

十年経ったときに、科学者としての立場と僧侶としての立場をどういうふうに切り替えるのか。同居させて話すことで、何か意味のあることができるのか。今はまだ、似非宗教家・似非科学者みたいなことを言うことになりそうなので、もう少し浄土真宗の教義をしっかり勉強したうえで「サイエンス法話」みたいなものが形になればと思います。

自分をユニークな存在に

▼上山氏は、人生における制約が強みになることもあると語る。

私の場合、家業があったのである種の制約が付いている人生でした。だから、制約のない自由な人生を送っている人がすごく羨ましく見えるのですが、一方で、制約があることで得た知見もたくさんあります。今も、いろいろな制限が付いた人生を送っている若い人はいると思いますが、それは強みにもなりえます。

▼鍵を握るのは、自分をユニークな存在にしていくことだという。

最近、堀江貴文さんの『多動力』(幻冬舎)を読んだのですが、堀江さんは「複数の肩書きの掛け算をし、レアな存在になろう」と言っていました。私の場合、宗教家兼数理工学科教授で、親戚に元数学者・現住職が居るため前例はありますが、現時点ではほぼユニークで、さらに何かの肩書を増やせばどんどんユニークになっていきます。オンリーワンになると、その人しか居ないから価値が上がるのだということです。

制約条件は人それぞれにありますが、そこから出てくる何らかの得意を各自が持っているのではないでしょうか。それと自分がやりたいものを組み合わせて何ができるか、という考え方に変えられると気持ちが楽になる。そこから見える世界は自分にしか見えないものだから、強みにできる可能性があります。

ネガティブにとらえるばかりではなく、逆にポジティブにとらえることを早いうちにできたらよかったというのが僕のいま思うところです。でも、遅いということはありません。

［二〇一九年一二月一二日談］

上山大信

うえやま・だいしん

1970年、山口県生まれ。浄土真宗本願寺派・鯉原山浄泉寺住職、武蔵野大学工学部数理工学科特任教授。専門は応用数学・大域解析学。著書に『パターン形成とダイナミクス』（共著、東京大学出版会）などがある。
https://sites.google.com/view/hitomarujyousenji/

8

名久井直子氏にきく（ブックデザイナー）

数学のために美大へ

本章では、ブックデザイナーの名久井直子氏にお話を伺う。文芸書を中心とする多くの書籍の装丁［図8-1］を手掛ける名久井氏は、子どものころは数学が大好きで、いまの仕事を始める遠因にも実は数学があるという。近年では数学を感じさせる写真絵本の著作もある氏に、幼少期のことや数学への思いなどを伺った。

電話帳が愛読書

▼盛岡に生まれ育った名久井氏は、小学校に入る前から数字が大好きだった。

あまり教育熱心な家ではなく、家には本がとても少なかったのですが、そのなかの電話帳をずっと眺

図8-1 名久井氏のデザインした本のごく一部。『にょっ記』(穂村弘著、文藝春秋、2006年)、『雪と珊瑚と』(梨木香歩著、角川書店、2012年)、『つまんない つまんない』(ヨシタケシンスケ著、白泉社、2017年)、『ぼくがゆびをぱちんとならして、きみがおとなになるまえの詩集』(斉藤倫著、福音館書店、2019年)。

めて遊んでいました。今日はこの番号、たとえば3456-7890と決めて、その次の番号、3456-7891の人を探したり(笑)。電話帳は長いこと愛読書でした。

また、家にあった電卓でも遊びました。液晶の部分に、八の字やMやEなどいろいろな記号があり、意味はわからなかったのですが、それを全部表示させるにはボタンをどういう順番で押したらいいか割り出すのに凝っていた時期があります。もう式は忘れてしまいましたが、ちゃんと方法を確立したんですよ。長い道のりでしたが、楽しかったです。

▼一人遊びをしていたのには家庭の事情もあった。

寝たきりのおばあさんとシングルマザーの母と私、という家の構成で、母は働きに出ないといけないので、私は幼稚園も保育園も行かずに、おばあさんとずっと家にいるという生活でした。朝から『できるかな』などNHK教育テレビの子ども向け番組を観て、夕方から相撲中継を観て歌舞伎中継を観て寝る、という偏った子ども時代でした。

家で遊べるものといえば、壁にベニヤ板みたいな板が二枚と椅子があって、その二枚には絵を描いてもシールを貼ってもいいよと言われていました。でも、目立つところに絵を描いたりすると毎日目に入ってしまう。そんな絵は描けないと思って、新聞に出ていたコルゲンコーワのカエルのイラストなど気に入ったものを切り抜いて、「私のベスト」という感じで貼ったりしていました。

本は、小学校に入る前からひとりで図書館に行って、絵本や紙芝居を借りていました。家には自分の絵本は四冊くらいしかありませんでした。親戚の子から絵本を何冊かもらったことがあったのですが、クレヨンでその子がいたずら描きをしていて、子どもながらに「わかってないな」と思い、その子とは口を利かなくなりました(笑)。私は自由に本に描いたり壁に描いたりまったくできない、不自由な子どもだったのです。

▼小学校では算数が大得意だったが、その感性から、違和感をもつ部分もあった。

小学校の算数は、ただただ楽しかったです。でも、算数の問題は腑に落ちないところがありました。まさおくんがりんごを何個もらって、誰々にあげたら……という物語が問題になっていますが、「書いていないけれども食べてしまったかもしれない」など違和感があったのです。

一年生のときに、算数セットにお花型のおはじきのようなものが入っていて、その百個の塊をいくつかずつのまとまりにしろ、という授業がありました。十個ずつまとめた人はマル、二十個ずつの人もマル、五個ずつの人もマル。でも私は六個ずつにしたのです。それは家の中で、親が飲んでいたビールや

卵が半ダース、六個ずつだったから。それで六個ずつにして残りを端数にしたら、すごく怒られました。すごく嫌な気持ちがいまでも残っています。

▼理科やパズルも性に合っていたという。

プッチンプリンの空き容器などに庭の花を摘んで潰して、和紙やガーゼの切れ端に染める「色水遊び」をやっていたのですが、次の日の朝になると、きれいなピンクを染めたはずのものが茶色くなってしまう。それが嫌で、図書館に行って調べると、酸性のもので色止めをすればよいと書いてありました。そこで酢を母にもらって色止めをしました。気になることを解決していくのが好きだったんです。

枠の中をスライドさせて大きいブロックを下から出す木のパズルも大好きでした。図形を扱うような感覚で気に入っていたのかもしれません。

▼中学・高校でも大好きな数学の勉強を続けていた。中学校では「100点おねえちゃん」と呼ばれるほどだったそ

うだ。

勉強が好きだったので、くじけずにそのまま続け、高校も盛岡第一高校の理数科に入ったので「ずっと数学」という感じでした。数学のプリントをわざと出さないで溜めておいて、高校生なりにイライラしたり嫌なことがあったりしたときにまとめてやって、スッキリしていました（笑）。

さらに数学が好きになったのは、ちょうど微積を習っていたころ、三、四人の同級生と休み時間に勉強の話をしていたときです。特別仲が良かったわけではないのですが、そのなかにいた井上くんという頭のいい子が、「微分するというのは三次元のものが切られた二次元、それをまた微分したら一次元」ということをすごくわかりやすく説明してくれたのです。反対に「積分は点が線になり、線が面になる」ということも。それまで微積は単なる機械的な作業だったのが、「ぜんぶ立体のことなんだ、この世界のことをやっていたんだ」と見方が変わりました。子どものころパズルをやっていたときみたいに、目の前に形になって立体が現れる感じがしました。

▼いまの仕事に直接つながるデザインへの興味が芽生えたのも中学生のころだった。

工作は小さいころから好きで、『できるかな』を観たり、セロハンテープでテトラ形を作ったりしていたのですが、中学校に入ったときに、盛岡でいちばん大きかった本屋さんで『デザインの現場』（美術出版社）という雑誌を見つけて、すごく面白いと思いました。二千円くらいで中学生にしては高いのですが、ずっと読んでいました。

ダイヤグラムと出合う

▼その後、武蔵野美術大学に入った名久井氏。

高校に入ってから、数学者になりたいという夢とともにもうひとつ、美術大学に行きたいという夢がありました。「数学者になるためには美大に行ったほうがいいかも」とそのときなぜか強く思っていたのです。そのほうが面白い数学者になれるのではないか、と。浅はかなのですが、そのときは真剣だったのです。

まとめてやっていた数学のプリントは、解とともに計算過程も書くというものでしたが、解いた答えは合っていても、途中経過がすごくうまく行っているときと、遠回りしているときがありますよね。うまく行っているときは、「ぽん」と飛ぶ感じがあって、それが楽しい。その発想は、デザインのほうが近いのではないかと、雑誌などを読んでいてぼんやりと思ったのです。コツコツ数学を解き続けるのではなくて、何か違う考え方を学んだほうがいいのではないか、そのほうが数学でより素敵な考え方ができるのではないか、と。

美大に行くには、お金もかかりますし、田舎における美大のイメージは「出てから何をするんだ」みたいなところがあり、「理数科にせっかくいたんだから医者になればいい」「大学もとりあえず東北大学とか受けろ」などと猛反対を受けました。でも、デッサンの教室に通ったりして、頑固に美大に行ってしまいました。

でも美大では、それまで優等生で来たのが、急に劣等生になってしまいました。東京だと何年も浪人して研鑽を積んで入ってくる方が多いので、田舎からラッキーで入れた私は全然追いつきません。出席しているから単位をやっともらっているような、ギリギリの状態。美術に必死で、数学は勉強できなくなってしまいました。左脳が流れ出てしまい、途中でもう戻れないと思いました。

▼そんななかで、自分の得意な分野が見つかった。

大学二年のとき、だんだん授業が専門的になっていくなかに、ダイヤグラムの授業がありました。オリンピックの競技のアイコンや列車のダイヤなど、物量や内容をわかりやすく図示するための方法です。その授業をとってみたら自分にぴったり合っていて、急にできる感じになりました。大学時代はその後ずっとダイヤグラムを作り続けることになります。

たとえば、杉浦康平さんというデザイナーが何十年も前に「時間地図」という有名な作品を作られています。それは、北海道から沖縄までの日本列島を、東京からの移動時間をもとに変形したものです。札幌は地図上の距離にすると遠いですが、飛行機なら移動時間はぐっと近い。でも北海道の他の地域は、青森まで行ってフェリーに乗りさらに電車で移動して、とすごく遠くなる。それを表した地図です。いま見ても感動します。私の大学時代は「時間地図」が作られたころよりも交通機関が発達していたので、それを自分で作り直したりしました。いまなら「札幌まで何時間」とすぐにわかりますが、私の大学生の頃はやっとYahoo!ができたくらいで、Googleもありませんでしたから、航空と電車と船の時刻表を見ながらコツコツやっていく地道な作業でした。

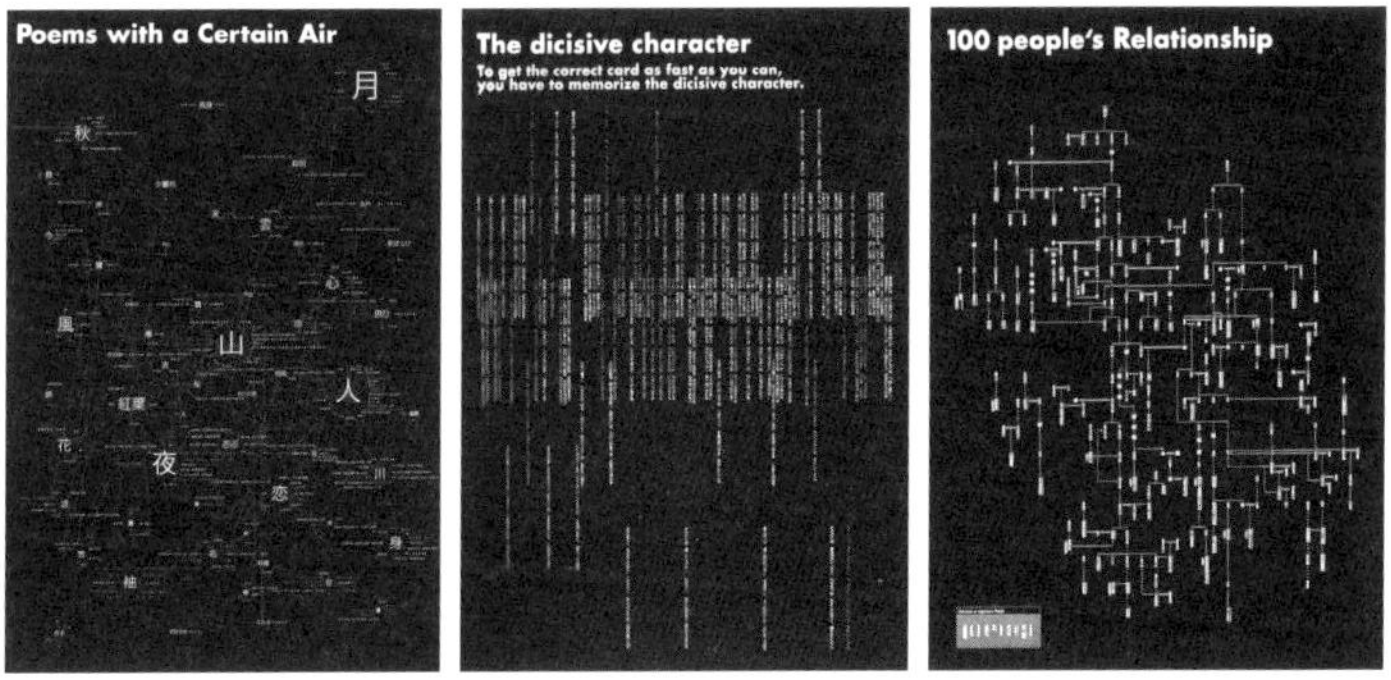

図8-2　大学の卒業研究で作った百人一首のダイヤグラム（5枚のうちの3枚）。単語の頻度、決まり字、作者たちの人物関係が表されている。

▼卒業制作でもダイヤグラムを作成した。

もともとは、いまで言うGoogleの画像検索のようなものを作りたいと思っていました。Yahoo!やGoogleでの通常の検索結果は羅列されて出てきますが、それがもっと視覚的に表示されるシステムが作りたかったのです。でもプログラムができないし、頭にあるものを形にできない状態が続いてずっと悩んでいました。その話を、指導してくれていた勝井三雄先生に相談しているうちに、母数を100という小さな数にすれば、時間地図を作るような、自分のコントロールでコツコツやる範囲でできる、と思えたのです。

それで百人一首についてのダイヤグラムを作りました。テーマの違う五つのダイヤグラムを作り、それぞれ大きなポスターの形にしたのです[図8-2]。一つめで百人一首の作者に役職別に色をふり、官吏は緑、僧侶は紫、女性が赤、などとしました。その色がほかのダイヤグラムにも継承されていきます。いちばん面白くできたと自分でも思っているのは、言葉の頻度を形にしたものです。「月」など何度も出てくる言葉は大きく、一回しか出てこない言葉は小さくなっています。作者の色と合わせると、「今日」のことは女の人しか詠っていない、といったことが見えてきます。

偶然開いたブックデザイナーへの道

▼大学を出たあとは広告代理店に就職した。

田舎に戻りたくなくて、東京で働こうと、募集していたところに入ったのです。当時は佐藤雅彦さん（当時電通）や大貫卓也さん（当時博報堂）など広告業界で輝いている方がいて、それに憧れたというのもあります。

広告代理店はまだバブルの残り香があり、「広告業界」という言葉のイメージどおりギラギラして、自分には合っていなくてすごく嫌でしたが、尊敬する先輩に「三年いないとわからないからとりあえず三年いろ」と言われたので勤めていました。三年やると、自分でハンドルできることが増えてきて楽しくもありましたが、何だかぼんやりと働いていました。広告は「広く告げる」と書きますが、誰が喜んでいるかわからない。別に自分が広告を作ったビールが売れても、ビールの製品自体がいいのではないかと思う。じっさい広告というのはそうであるべきだと思うのですが、いったい何をしているのだろう、と。

▼そこで思いがけずブックデザイナーへの道が開けることになる。

じつは就職活動のときにブックデザイナーも考えたのですが、新潮社や文藝春秋など社内にデザイン室があるところは毎年は募集していなくて、ちょうど私の年には当たらなかったのです。

そのころ短歌をやっていたのですが、広告代理店五年目のとき、友達が歌集を出すことになりました。歌集はほとんどが自費出版で、デザインもお仕着せのものでした。その友達はそれが嫌で、デザイナーだった私に頼んでくれたのです。それが初めての本のデザインで、やり方を調べながら作るような感じでしたが、「本はいいな」と思いました。歌集なので読者もすぐ近くにいて、喜んでくれるのが実感できたのです。

そうこうしているうちに、俳句をやっていた小学館の編集者さん（村井康司氏）が声をかけてくださって、立て続けに三、四冊、大きなブックデザインの仕事が来ました。そのなかに、いまでも売れっ子の菊地成孔さんの初めての本があったりしたのは幸運でした。みんなで一緒に仕事が増える時期に乗っかれたのではないかと思います。
デザインの仕事は、二年間は副業としてやっていました。広告代理店の仕事が朝の三時～四時に終わったあと、そのまま残ってＭａｃで本のデザインをやり、とんぼ返りでシャワーを浴びに帰宅する、という生活で

す。百万円貯まったところで、組版もできるしアルバイトをすればぜんぜん生きていけるだろうと思って、会社を辞めました。

▼ブックデザインの裏側には科学的な思考法が活きるという。

私は印刷や加工が好きで、仕事で工場に行ったり紙を開発したりしているのですが、「こういう結果になるように印刷したい」といったことを考える道筋は、数学のプリントを解いているときや、色水の色止めをしていたときと近い感覚です。「このインクを使ってこのニスを乗せたらこうなる」というように原因と結果がはっきりしている。デザインの裏側は知識の世界なのです。そういうことを厭わないのは、数学や理科が好きだった気持ちが変わらないからだと思います。

写真絵本と科学

▼名久井氏は近年、「ちいさなかがくのとも」シリーズ（福音館書店）から二冊の写真絵本を出版している〔図8-3〕。一冊めの『100』（二〇一六年）は、積み木や金魚や輪ゴムなど身近なものがそれぞれ100個ある様子を、見開きの写真で示したものだ。

編集者さんから「100」というテーマだけ与えられました。私にやらせてみようと思ったのが不思議です。子ども向けの本を書いてはいませんし。「何か面白いことをしてくれそう」と思ったのでしょうか。

最初は編集者さんから、「100は10のまとまりでできている」ということがわかるようにしたらどうか、

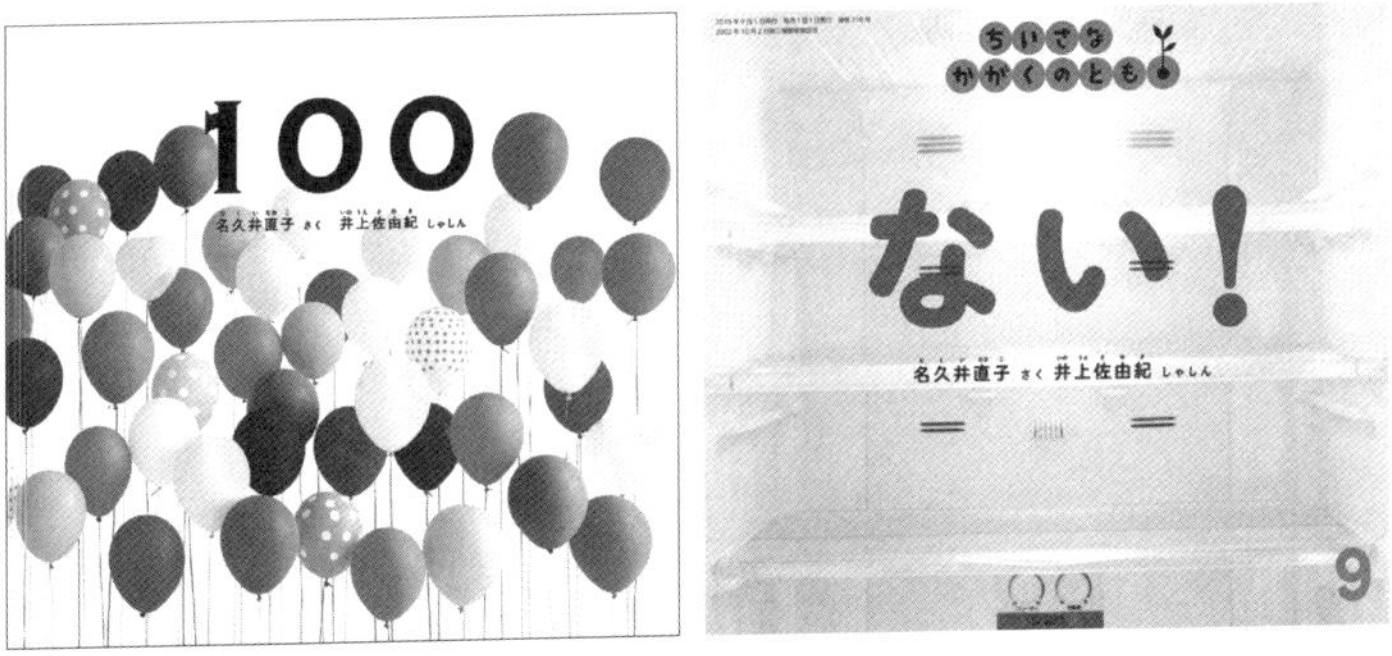

図8-3 『100』（名久井直子作・井上佐由紀写真、福音館書店、2016年／新版2020年）
『ない!』（名久井直子作・井上佐由紀写真、福音館書店、2019年）

と言われたのですが、小学校のころの思い出から「100は別に10のまとまりではない」と強く思っているので、そういうやり方はしたくないと答えました。この本の読者である子どもは、100が数えられる子も数えられない子もいるけれど、10進法の世界にまみれてはいないので、100をとにかくいろんな姿で見せていきたい、と提案して、このような形になりました。

▼大きい数を扱った『100』とは対照的に、『ない!』（二〇一九年）は、「無」をテーマに、何かがある様子とそれがなくなった様子を対比している。たとえば浜辺に「ある」砂の城が、ページをめくると波にさらわれて「なく」なっている［図8-4、153ページ］。

「ない」というのは難しい。「ない」は言葉ですよね。いまこのテーブルのここには何も載っていないけれど、意識しないとそこに何もないということはわからない。「ある」ことを知っていないと、「ない」ことにたどり着けません。作るのは『100』よりもだいぶ難しかったです。

▼撮った写真は「面倒くささの結晶」だという。

金魚が100匹いる写真は、普通の水槽ではピントが合わなくなるので、厚さ10センチメートルくらいの薄い水槽を作って撮りました。『ない！』の砂のお城も、自分で作りました。カメラマンの方が、撮影日の太陽の方角と潮の干満を計算して、ここに城を作るようにと言われて……。そうしたらその場所がぴったりだったのです。手前でカメラの三脚が八割くらい海に入っているのですけれどね。

写真絵本は最近あまり出ていませんが、もっと流行ったらいいなと思っています。谷川俊太郎さんの『こっぷ』(福音館書店)など、とても科学っぽい。科学や数学は写真と相性がよく、全部イラストで書かれているよりも、写真のほうが説得力があって、感動が違うと思うのです。

▼これらの本を作るうえでも、ダイヤグラムの考え方が用いられている。

『100』の表紙の写真には、100の風船を選んでいるわけですが、「何の写真がいちばんわかりやすいか」と考えてこれを選んでいます。それはダイヤグラムを作っているときと変わりません。ダイヤグラムは「どうやったら人にわかりやすく情報が伝わるか」、つまり説明の手順のようなもので、図表の形をとっていなくても、人に何かを見せるときにはいつでも役立ちます。わかりやすさを考えることは自分に染み付いていて、学生のときに学んで本当によかったなと思います。

ただ、わかりやすさを100％出していくか、わかりやすさを減らしてそれを「期待感」に変えるのか、その分量は表現の対象で変わってきます。ビジネス書ではわかりやすさが100％に近くなりますが、フ

図8-4　『ない!』より。砂のお城が「ない」ことが表されている。

ィクション性が高いものになっていくと、わかりやすさを100%にしてしまったらつまらない。推理小説で「あ、これは刑事が死ぬんだ」と表紙からわかったらつまらないでしょう。

▼名久井氏が数学の本をデザインするとしたら、どうなるだろうか。

私なら、フィクションに近づけて、楽しい感じにしてしまうかも(笑)。私の高校の数学の教科書は、上に黒い明朝体で「数学I」などと書いてあって、下に立体が描かれているようなものでしたが、その立体に動く目玉のシールを毎回貼っていました。すごく可愛くなります。当時の微積の教科書は大好きで、いまはもう処分してしまいましたが、三十歳くらいまでは大事にしていました。

美しさの背後に

▼身の回りに潜む数学にいまも惹かれている。

数学は子どものころからすごく楽しいものでしたが、先ほど話した井上くんの言葉を聞いてから、印象が劇的に変わりました。生活のなかに数が潜んでいるという感覚が、あの昼休みからずっとあります。いまは微積の計算などをすることはないですが、特にこちらが数学だと意識していなくても、周りに勝手にあるのが数学です。自分から手繰り寄せてはみていないけれど、たまに現れ出てきます。

ペンを入れてぐーるぐーると模様を書く「スピログラフ」、あれが子どものときから大好きで、いまでもわざわざ海外のものを買って集めています。まさにあれは数学ですよね。美しい。そうやって美しいと感じたり、逆に「ちょっと違う気がする」と感じたりする、その裏に、数学の何かがありそうな気がします。

［二〇二〇年三月九日談］

名久井直子

なくい・なおこ

1976年、岩手県生まれ。武蔵野美術大学造形学部視覚伝達デザイン学科卒業。広告代理店勤務を経て、2005年に独立。ブックデザイナーとして活躍。近年装丁した本に『黄色い家』（川上未映子、中央公論新社）、『遠慮深いうたた寝』（小川洋子、河出書房新社）などがある。

9

数限りなき多面体の世界

有働洋氏にきく（LAL-LAL株式会社）

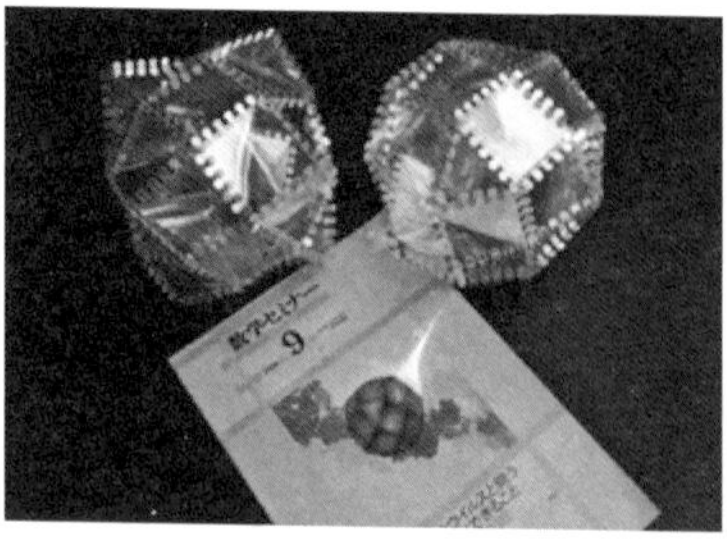

図9-1『数学セミナー』2020年9月号表紙と、そこに描かれた4価ゴールドバーグ多面体をRUPAで作ったもの（右）。左はその双対形。

多面体にはいろいろな種類がある。たとえば『数学セミナー』二〇二〇年九月号の表紙に描かれた図形「四価ゴールドバーグ多面体」（瑞慶山《ずけやま》香佳《よしか》氏による数学デッサン、図9-1）は、「多面体」と言っても、実は面が歪んでいる。そのため、その綺麗な模型を作るのは容易ではない。このようなかたちでも美しく作れるキット「RUPA」（「かたち」の意味）の開発に携わったのが、LAL-LAL株式会社の有働洋《ひろし》氏である。本章では、その有働氏に、RUPA開発の裏側や、かたちについての

［写真本人提供］

想いを語っていただいた。

面が歪んだ多面体を作る

▼有働氏がRUPAを考案したのは、分子構造への興味がきっかけだった。二〇一六年頃、九州大学で神経科学を研究していたころのことだという。

分子構造が好きだったのですが、とくに好きなのは、かご状の多面体様の分子です。たとえばクラスリンという、細胞のなかの包装係みたいなタンパク質の複合体があります。自然に集合していろんな多面体様の構造（主に、三価で五角形と六角形からなるフラーレン構造）を作り、生体分子を載せる小胞を形成するのです。しかし、そのかたちはイメージしにくいものです。論文誌の誌面は二次元ですし、コンピュータ・グラフィックスでもわかりにくい場合がある。そのようなかたちのモデルを綺麗に作ってみたいと思いました。工作が好きなのと、知的な好奇心からです。

実は以前、大阪大学にいたとき、本格的な分子モデルを作ったことがありました。タンパク質研究所でプロテアーゼの立体構造のデータが得られたのですが、そのモデルを作ってみないかと言われて取り組んだのです。これは大変でした。ペプチド結合の部分だけは既製品があるのですが、ほかは角度を合わせて針金を折り曲げたりしながら自分で作らないといけません。アミノ酸の残基なども自分で作ります。残基の個数はたしか２６８だったと思います。原子間結合が三センチメートルくらいなのですが、モデル全体はとても大きくなります。三か月くらいかけて、かっこいい分子模型を組み上げることができました。しかし、これは原子の空間座標があってできることで、まったく簡単ではありません。また、骨格だけでは、かたちがすこし捉えにくいこともあります。

▼分子生物学で出てくる多面体には、数学的な多面体とは違った難しさがある。

原子が環状構造をつくっている部分は、多面体で言えば面なのですが、多くの分子ではそこが平面になっていません。多面体を作るための一般的なキットでは面が平坦で、そのようなかたちを作るには適していないのです。ただ、原子間の距離はおよそ同じなので、環構造は折れ曲がった等辺多角形で、しかも原子どうしの反発や結合角のために、折れ曲がった正多角形みたいです。なるほど、それなら柔軟なプラスチックシートのパネルで面が作れそうだな、と思いました。

面の連結部分をどうするかは悩みました。面を曲げるとひずみがかかります。磁石を使うと組み立てやすくなりますが、ひずみには弱い。接着剤やテープでしっかり留めたつもりでも、素材がプラスチックなのでかなり弾性があり、やはり弾けるように崩壊します。かなり強い連結でないと、面の曲がった多面体はできない、ということがわかりました。最終的には、周回遅れの技術のようですが、凸凹を噛み合わせるやり方が最も強かったのです［図9-2］。かなりひずんだかたちでも作れるようになり、また、少々落としてもバラバラになりません。さらに、異なる形状の辺同士（線分の辺と弧状の辺など）をくっつけられるようにもなりました。辺の凸凹の形状は、三角関数をいじったりして、ノート二冊ぶんくらい計算して設計したものです。

図9-2　正方形、正五角形、正七角形からなる立体の一部。各面の辺に凹凸がついており、それを噛み合わせて連結する。

▼この連結方法に行きついてから、歪んだ多面体がたくさん作れるようになった。

レーザー加工機を使って、薄いプラスチックシートを切ってパーツを作り、たくさんの多面体を組み立てました［図9-3、次ページ］。クラスリンのかたちも作れるようになりました。好きなかたちを作っていったら、部屋がどんどん狭くなってしまい置き場所がなくなり、釣り糸に数珠のようにつないで天井から吊り下げて飾るようにしました。

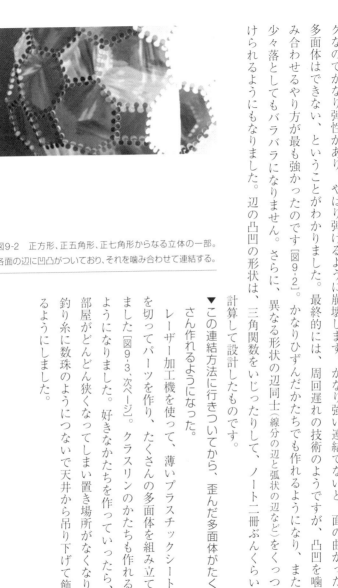

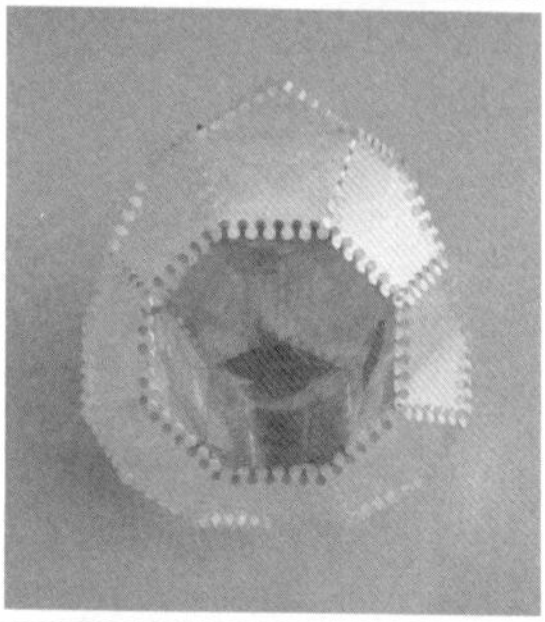

上3点｜図9-3　RUPAでできる多面体の例。上｜正五角形のみからなる72面体。中｜グリンバーグによるハミルトン閉路をもたないグラフのひとつを立体化したもの。下｜辺を弧状にした菱形で表現した星型百八十面体(BRIDGES数学アート展2021出展作品、アートカタログ表紙採用)

多面体を整理したい

▼その後、多面体の分類作業を行うようになった。

思いつくままいろいろなかたちを作っていたのですが、多面体はいくらでもあります。それらを整理したいと思い、「多面体のアパート」を作り始めました［図9-4］。球状の、オイラー数2のいろいろな多面体を、ひとつの表にまとめるのです。

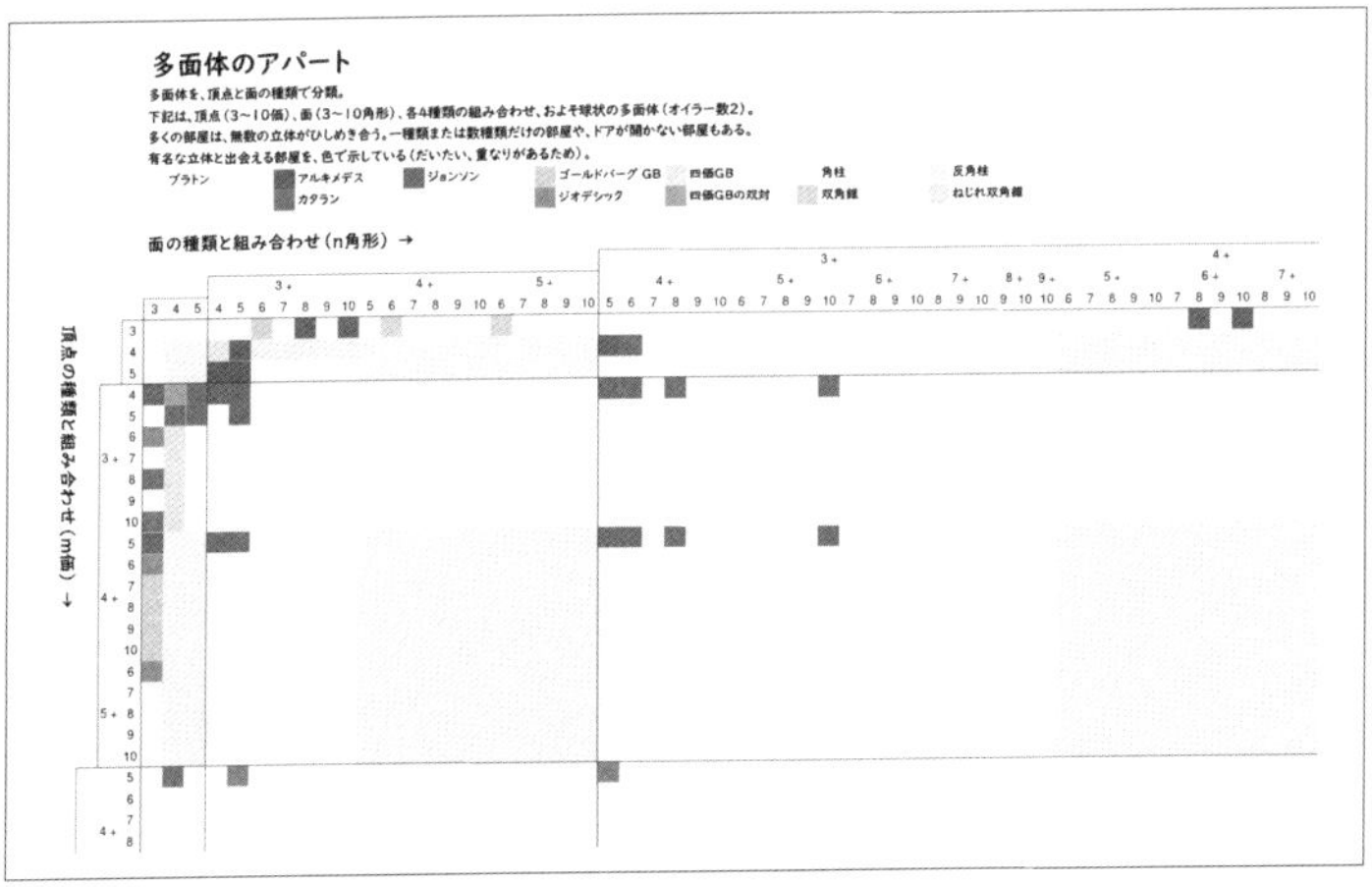
多面体のアパート
多面体を、頂点と面の種類で分類。
下記は、頂点（3～10価）、面（3～10角形）、各4種類の組み合わせ、およそ球状の多面体（オイラー数2）。
多くの部屋は、無数の立体がひしめき合う。一種類または数種類だけの部屋や、ドアが開かない部屋もある。
有名な立体と出会える部屋を、色で示している（だいたい、重なりがあるため）。
プラトン
アルキメデス
カタラン
ジョンソン
ゴールドバーグ GB
ジオデシック
四価GB
四価GBの双対
角柱
双角錐
反角柱
ねじれ双角錐
面の種類と組み合わせ（n角形）→
頂点の種類と組み合わせ（m価）→

図9-4「多面体アパート」の一部。

縦軸に頂点の価数（頂点から何本の辺が出るか）の種類、横軸に面のかたち（多角形）の種類を並べて、その交点の部屋に多面体をあてはめていきます。作った表は縦軸と横軸に132部屋あって、アルキメデスの立体やジョンソン-ザルガラーの立体、カタランの立体などがすべて入ります。面が歪んだ多面体も入っています。

たとえば四価ゴールドバーグ多面体なら、頂点は四価の一種類、面は三角形と四角形の二種類で、それが交差したところに入ります。その部屋ひとつを開けてみると、そこにも無限の多面体が入っているので、それをさらに頂点の数と面の数で分類していきます。こうやってみると、ぼんやりと「多面体は無限にある」と思っていたものが、すこしすっきりします。

▼それがきっかけで、グラフ理論についても考えるようになったという。

多面体の分類には、多面体の頂点と辺のなすグラフの数え上げが役立つからです。グラフの数え上げにはいろいろな数学者の方が貢献されていますが、ブリンクマン（Brinkmann）先生とマッケイ（McKay）先生が作られた、平面グラフの数え上げのためのplantriというプログラムがあり、それを利用しました。球状の多面体のグラフは、三連結な（どの二個の頂点を除いても連結な）平面グラフで表現できますので（「シュタイニッツの定理」として知られている）、三連結のものをずっと調べていきました。途方もない作業なのですが、自分の興味があるところ、手の届く範囲から始め、それだけでも二年くらいずっと計算していたと思います。その結果、知られていないかたちがたくさんあるということがよくわかりました。同じことを、ドーナツみたいな、オイラー数0の多面体でもやってみたら面白いだろうと思っています［図9-5］。ぜひスーパーコンピュータでお願いしたいところですね。

図9-5　1枚のシートを切り抜いて作ったクリフォード・トーラス様の構造（JMM数学アート掲載作品）。

多面体の魅力を広める

▼その後、RUPAを商品化することになる。

RUPAは、最初は無色透明のシートで作っていたのですが、ダイクロイックの特殊なシートに変えて作ってみたところ、プリズムのように七色に光ってとても綺麗になりました。最初はただの趣味で始めたものですが、教育的に価値があり、美しく飾れたりしますの

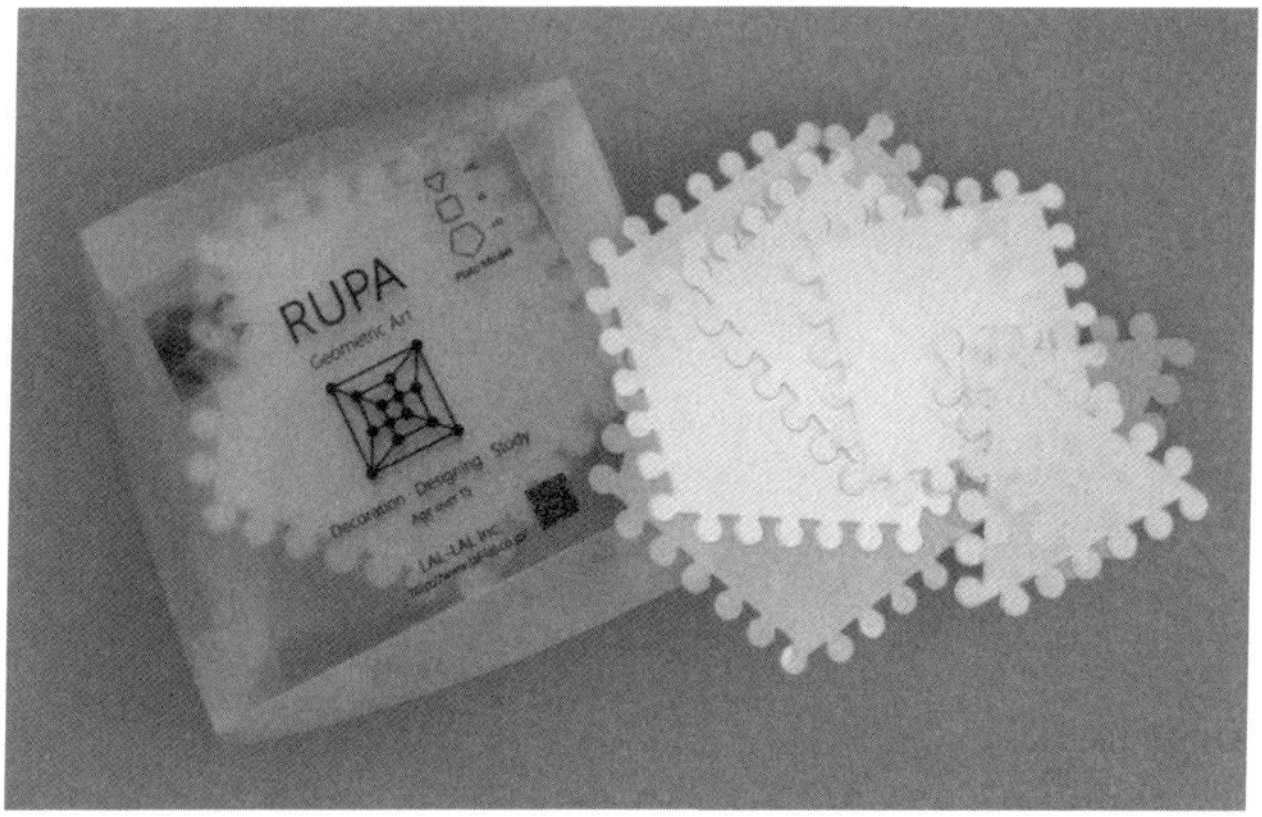

図9-6　RUPAのパッケージとパネル。

で、多くの方に楽しんでもらえるかなと思いました。

とはいえ、そう簡単ではありませんでした。まず、製造を引き受けてくれるところが見つからず、結局、自分たちで作ることにしました。また、取り扱っていただけるところもなかなか見つかりませんでした。いまでは快く受け入れてくださったところに少し置かせていただいて、感謝しています。

▼RUPAのパッケージにも、有働氏のかたちへの想いが詰まっている。

パッケージも自分たちでデザインして製作しています［図9‐6］。優美な曲面体で、上面と底面が正方形、側面が長方形のような五角形です。デューラーの『メランコリアI』に出てくる立体は上下が三角形ですが、その親戚です。キラルな形で、右肩上がりにしています。また展開図はシンプルで、二枚の正方形をずらしてつないだ外観です。箱に軸を付けて、風を送ると風車のように回ります。先日、日本パッケージングコンテスト（デザイン賞）にも入賞しました。

▼コロナ以前は、図書館などでワークショップも行っていたという。

ワークショップは十歳以上なら参加でき、小学生にも綺麗な立体ができるので喜んでもらえます。ワークショップではおそらく世界初の試みを行っています。点と線で「自分の三連結平面グラフ」を紙に書いてもらって、それを立体にしたり、「フラーレンカード」［図9-7］を選んでもらい、化学者が合成するよりも先にかたちを作ったりしています。次の機会には、ブリンクマン先生の〝Lists of Face-Regular Polyhedra〟という論文にある綺麗なグラフを立体にしてもらおうと思っています。

ワークショップでは、作った多面体を何かに見立ててもらったりもしています。たとえばこれ［図9-8］を私は「禅の石」と呼んでいます。まったく対称性がないフラーレンのうち、いちばん単純なものです。どこから見ても違って見えて、規則性から生まれるこの多様な世界を象徴しているかのようです。見立てを行うと、かたちに親しみが湧きます。フラーレンに関する化学の最初の論文に、フィールドに置かれたサッカーボールの図が出てくるところには、とても共感を覚えます。

人間の認識の素晴らしさ

▼幼少期から工作が好きだったという有働氏。

子供のころから、がらくたを集めて組み立てたりして遊んでいました。小学校高学年のときには、朝起きられないので、自分で電気ショック目覚まし器を作りました。テレビからとってきた変圧器をタイマーに接続して、電圧を十分落として、端子を指に装着するのです。でも、寝相が悪くて外れるので、結局は使えませんでした(笑)。

最初に算数に興味をもったのは、父から三角形や平行四辺形の面積の出し方を教えてもらったときです。図形の切り貼りを使って説明してくれたのが印象に残っています。とくに、円の面積の説明にはとても驚きました。人間の発想の素晴らしさを感じます。算数や理科はとても面白く、四月にもらった教

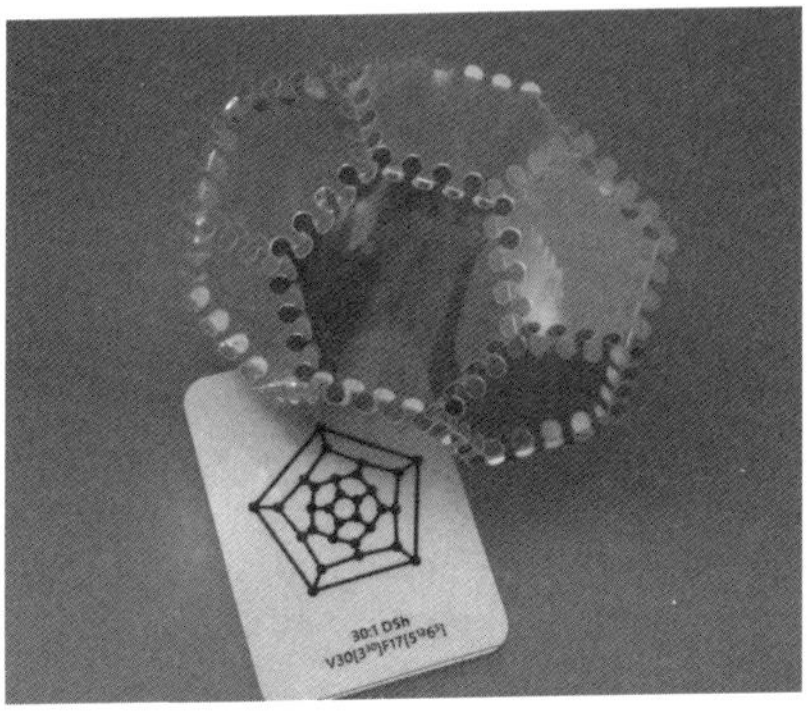

上｜図9-7「フラーレンカード」と、そこに描かれたグラフを立体化したもの。
下｜図9-8「禅の石」。対称性のないフラーレンのうちもっとも単純なもの。

科書を五月には読み終えてしまうくらいでした。

▼大学では分子生物学を専攻する。

遺伝子やタンパク質で現象が綺麗に説明できるのが面白くて、大学に進学しました。大学で遺伝子やタンパク質について学んだあと、アメリカに留学して、その研究で博士号をとり、コロンビア大学に移って神経科学の研究を始め、帰国後もそれを続けました。

分子生物学では、生物を分子のレベルで見て、いろいろな現象を説明します。複雑な機構が進化で獲得されてきていて、それは巧妙ですごいですし、薬を作ったりするのにも有用です。しかし別の見方をすれば、生物を分解して部品にして、それから組み上げていくという、物質的な一元論、すごく醒めた考え方です。これを突き詰めると、自分の意識や心すら幻想だということになります。私は生物の世界認識に興味があって、記憶や情動などについても研究していましたが、それは面白くもあり、寂しさもあります。

▼一方で、一見醒めた見方をしているような数学にも、人間らしさを感じている。

数学でも科学でも、論文ならいっさいが客観的なものとして表れていますが、その奥にはいろいろなものの見方ができる人間がいて、それを作り上げている。たとえば、同じマグカップでも、ありのままに描いたり、ドーナツとして描いたりすることができ、論理的に彩られる世界が変わります。数学は、数千年前の数式であっても朽ちずに輝いていますが、それはひとつの描き方であって、もしかしたら宇宙人の数学は地球の数学とは違うかもしれません。どういった視点で世界を認識するかによって、築き

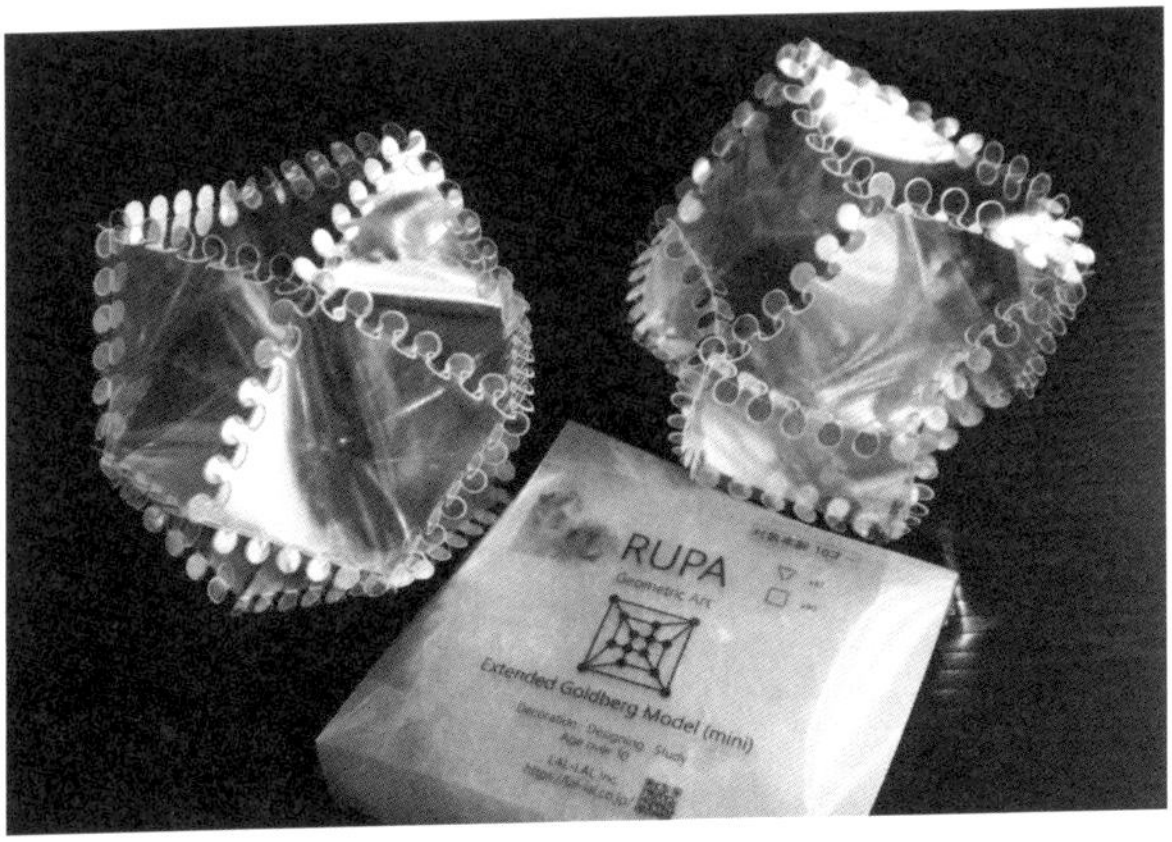

図9-9　パッケージに描かれたグラフを立体化したもの。正方形によるもの（左）と辺が弧状の菱形によるもの（右）。白銀菱形で作ると菱形十二面体になる。

上げられたものが変わってくるでしょう。かたちを見立てるように、いろんな見方があってよく、そういった主観的な認識も大切にしたいですね。

▼RUPAを通じて、数学の素晴らしさ、かたちの面白さを感じてほしいと語る。

論文などの二次元の図ではよくわからなくても、実際にかたちを作ると、とても新鮮で、面白いものです。かたちを作ってはじめて実感できることがいろいろあります。

RUPAは、かたちを柔らかく捉えていますので、きっと発想を柔らかくしてくれますよ。ふつうには見られないようなかたちがたくさん作れますし［図9-9］、そのなかにはお気に入りのかたちも必ずあるでしょう。かたちは数学、科学、芸術、建築、デザインなど、さまざまなものにつながっていますので、RUPAが新しいものを創造するきっかけになればと思います。

［二〇二〇年一〇月八日談］

有働洋

うどう・ひろし

1967年生まれ、熊本県出身。理学博士。生物化学、神経科学。主に記憶や情動を研究。鹿児島大学、大阪大学を経て、1992年渡米。ロバートウッドジョンソン医科大学、コロンビア大学(ハワードヒューズ医学研究所)。2003年帰国後、九州大学。2019年よりLAL-LAL Inc。開発担当(LALは「遊ぶ」の意味)。生物の世界認識が好き。

付録 appendix

A

建築家・平田晃久氏が語る

（建築家、平田晃久建築設計事務所）

数学的発想から生まれる建築のかたち

東京都現代美術館の前庭に、二〇一一年から二〇一二年にかけてこのような建物があったのをご存じだろうか［図A-1］。《pavilion b》（二〇一〇年）と名づけられたこの建物、実は『数学セミナー』誌でもお馴染みの双曲平面である「ハイプレイン」[*1]がモチーフとして使われている。このような建物は、いったいどうやって生まれたのだろうか。本章では、ハイプレインの生みの親である阿原一志氏（明治大学）とともに、建物の建築を行った平田晃久氏のもとを訪ね、経緯や発想の源などを伺った。

＊1　『数学セミナー』二〇〇四年四月号〜一二月号連載「ハイプレイン」。その後、『ハイプレイン――のりとはさみでつくる双曲平面』（日本評論社、二〇〇八年）として書籍化。

図A-1《bavilion b》全景[Photo by Takumi Ota]

ハイプレインとの出会い

▼建築家の平田氏と数学者の阿原氏。一見すると簡単には出会えそうにない二人のつながりはどうやって…。

ことの起こりは、平田氏が書籍『ハイプレイン』を読んだところからはじまる。

もともと、自然界の中にある「珊瑚」や「ひだ」のような形に興味がありました。ある日この本に出会い、「ハイプレイン」というのは平らな面に収まらない一定のたわみを持った面だと、読んだ当初はきちんと理解していなかったのですが、直観的に思いました。その頃、東京都現代美術館の前庭にパヴィリオンを建設する計画があり、ハイプレインを使うことで上手くいきそうなアイディアが次第に浮かんできました。それであれば、承諾をいただくことも含めて、それを生み出した方にぜひお会いしたいということもあり、連絡を取ったのです。

▼当時、計画段階だったこの企画は、「ブルームバーグ・パヴィリオン・プロジェクト」と名づけられている。東京都現代美術館の敷地内に建てられたパヴィリオンを舞台に、約一年間にわたって東京在住の若手アーティストの個展や公募展、パフォーマンス・イベントを開催していくものである。平田氏は作品を展示するパヴィリオンのコンペティションに、ハイプレインをモチーフとした作品で応募し、実現することとなった。[*2]二〇一一年一〇月よりパヴィリオンの中での展示がはじまり、二〇一二年一〇月までにさまざまな企画が行われた。[*3]

平田氏はハイプレインの基本要素となる63°、63°、54°の二等辺三角形を、大・小二つの大きさで用意し、フラクタルも組み合わせることで、日光を取り入れたり影も生み出すことができる、三次元の展示空間を作り出している[図A-2]。ハイプレインの面白さは、元の形は同じで単純なのに、反復していくだけで思いもつかない動きとまとまりができてくる点であるという。

「同じ形」というのは建築では「モジュール」と呼ばれ、近代の建築はすべてモジュールの組み合わせで作るのが基本です。よくあるマンションのように、同じ形のものが真っ直ぐにずっと連なっている、というのが近代の一般的な建築スタイルなのですが、そういう

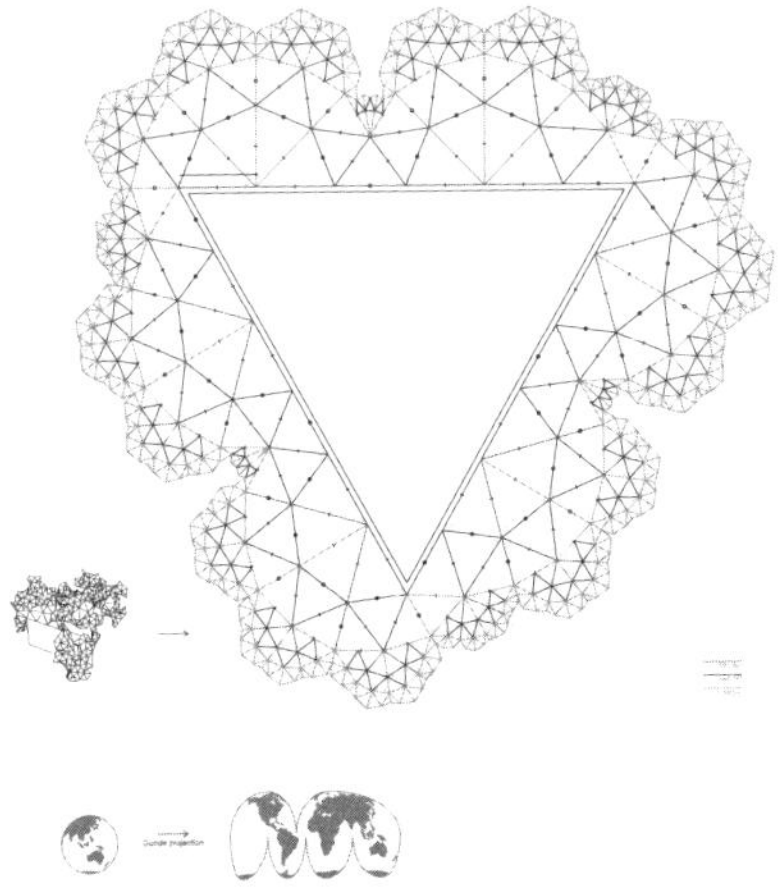

図A-2《bavilion b》展開図

＊2　公共施設の建築設計は、複数の案からすぐれたものを選ぶコンペティション（建築設計競技、通称コンペ）が行われることが多く、設計をしても選ばれず実現しないこともある。コンペには公募によるものと指名された人だけが参加できるものがある。《pavilion b》の場合は、比較的小さな建造物（二五平方メートル）のため、構想からコンペへの参加、建物の完成という一連の流れで一年弱と短い。一〇〇〇平方メートルクラスの公共事業の場合、設計に二年、建築に二～三年を費やすものもあるという。ちなみに、一般的な住宅であれば六か月で設計、六か月で建築される。

＊3　東京都現代美術館における「ブルームバーグ・パヴィリオン・プロジェクト」は二〇一一年一〇月三一日に終了している。

ものを超えたいといつも思っています。

数学と建築のつながり

▼日本において建築学科は「理工学部系」と、美術大学などの「芸術・デザイン学部系」の二つに分かれている。平田氏は京都大学工学部、つまりもともとは理系出身である。大学時代に数学についてどういう印象を持っていたのだろうか。

数学はもちろん好きで憧れがありました。しかし現実には高校の進学校レベルでも周りに「明らかに数学ができる」という人がたまにいて、自分で数学をやろうという気持ちにはなれませんでした。

▼とはいえ、つねに数学を横に見ながら生活をおくっていた。

建築はイチから積み上げて巨大なものを構築していく作業なので、「構造」が入っていないといけません。特に、日本のような国では地震や台風が多いため、ある程度それらに抵抗できるようなものを作らなければいけません。そのため工学に近い建築学科では、数学を応用したこともやっているわけです。一般に、設計を専門に仕事をしていく場合は、構造計算といった数学・物理的な部分には深く立ち入らず、構造の技術者とタッグを組んで計算をするわけですが、建築学科の教育では、「構造力学」や「環境工学」など、応用という形で数学に触れる機会もたくさんありました。また「応用」という次元を超えて、数学のもつ純粋さへの憧れは強かったですね。

▼パヴィリオンを設計する以前に、数学への憧れがヒントとなって、形になった作品がある。《csh》(二〇〇八年)は、とても不思議な木製の椅子である[図A-3]。

珊瑚みたいな複雑なヒダのような形の上に人が座れるようにしたいと思い作り始めたのですが、「これはどうやってできているのか」という仕組みが判らないと作れないのです。

▼珊瑚をじっくり観察するうちに、ひだにあるルールがわかってきた。

一本の曲線をフラクタルにしていく、ということです。例えばある線を円によりフラクタルにしていくと、最初、野球のボールの縫い目のような形になります。そして、コンピュータにより段階的にシミュレーションしていくと、美しいヒダのようになるとわかりました[図A-4]。これをもとに、ある部分

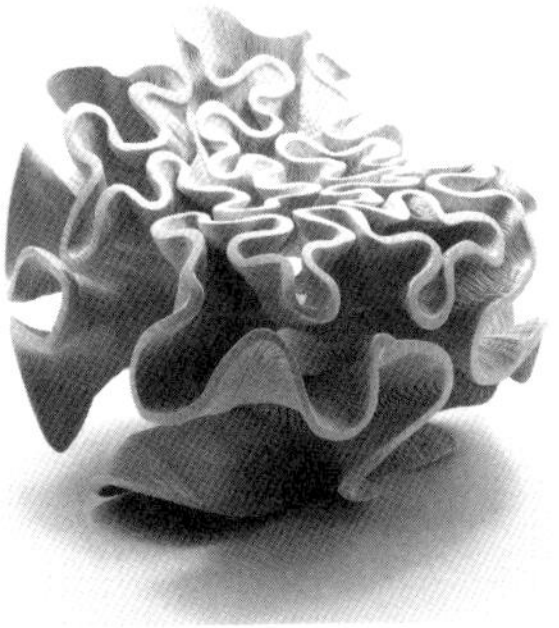

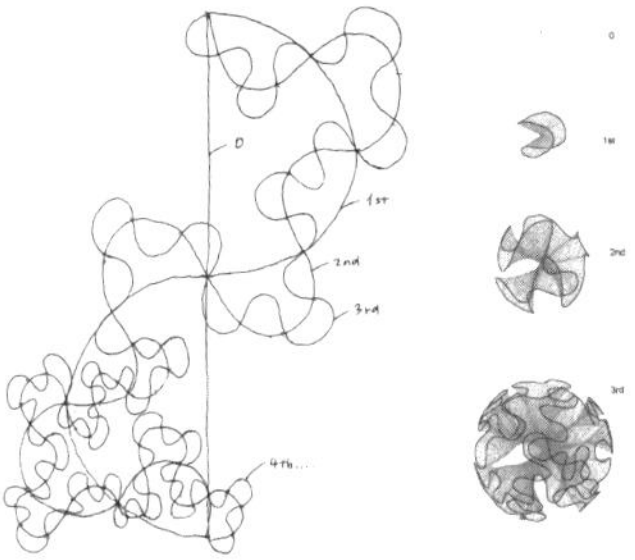

上|図A-3《csh》[Photo by Nacása & Partners Inc.]
下|図A-4「ひだ」の原理

は細かく成長させ、ある部分は大きいままにすることでひだをコントロールし、椅子を作ることができました。

▼《pavilion b》、《csh》と紹介してきたが、これらは、幾何学的な基礎づけがなければ実現できなかったことなので、ある意味数学的なアプローチだったという。

どの作品でも、数学により完全に制御しきっているのではなくて、要求されている条件に相応しい形状を発想するために必要十分なものだけを直観的に捉えて応用したものです。ただし、これはピュアな「数学」ではない、ということは自覚しつつやっています。

▼現代建築の世界には「パラメトリックスタディ」と呼ばれる手法がある。力学的構造を数式などで表し、それをコンピュータに載せる。そして、変数(パラメーター)を変化させることにより実験的に形を変化させ、コントロールしていく、というものである。数学の建築への応用を意識させられるこの手法は、計算機の性能が急激に発達した一九九〇年代後半から可能となった。このような試みを行う人たちは世界各地におり、平田氏もそういう考え方をする傾向があるという。

私のスタンスで特徴的な点を挙げるとすれば、「この建築がなぜその形になるべきなのか」という自然の摂理と重ね合わせるところにあります。例えば、植物は光合成をしますが、それを行うのに有利だから、葉の面積を増やし枝分かれする原理が入っているのかなあと思い浮かべます。建築も同じように、そこにあるということとうまく結びつく幾何学的原理を抽象し、全体像が周りの状況や与えられた条件にうまく一体化させるようにしたいと考えています。形式主義的に実験を試みる人たちの中には、このような考えを持つ人がいません。

▼コンピュータで形が自由に生成できるようになった九〇年代後半の、もう一つの進展が「構造力学のソフトウエア」である。九〇年代においても、複雑な構造を持つ建物を造る技術はあった。しかし、建物の安全性を検証するときは、複雑な構造に対して、「柱・梁モデル」などのある種のモデル化を毎回行ってから計算をする必要があったという。

阿原氏は平田氏からパヴィリオンの相談を受けた際、工作の経験から「ハイプレイン」の構造がとても柔であることを知っていた。「風が吹いただけで壊れてしまうのではないか」とひどく心配したという。この点についても「構造力学のソフトウエア」が解決してくれた。

複雑な形をそのままコンピュータに入力して、解析することが計算機の性能向上により手軽にできるようになりました。現在でもモデル化する方法も必要なのですが、並行して行うことにより、より複雑な構造をもつ建物の建築が可能になりました。

発想の生成を手助けする数学

▼では実際に、建築家がどのような思考過程を経て建築物へ結びつけているのか、具体例をもとにご紹介しよう。

イタリア・ミラノでは、毎年四月に「ミラノ・サローネ(MILANO ISALONI)」と呼ばれる世界最大級の家具見本市が開催されている。約一週間の会期中に家具やインテリア小物をはじめ、数多く見本市やデザインに関するイベントが市内各所で同時多発的に開催される祭典である。国内外から三十万人以上が訪れ、日本の企業からの出展もあるという。

二〇〇九年、平田氏は映像アーティストの松尾高弘氏と共同で、キヤノンの出展ブースにキヤノン製プロジェクターを使ったインスタレーション[*4]《animated knot》を展示した。

出発点は、「とこからがオモテでどこからがウラか」判らないような一枚の面を作りたいということでした。プロジェクターから発せられた映像はスクリーンを通して見るものですが、もう少し自分の体がその中に巻き込まれていくような、三次元的な体験を誘発するようなスクリーンを作りたいと思ったのです。

▼クリエーションの段階でまず考えたことは、「捻れている面はどうやってできているか」ということである。

粘土で捻れを再現しながら考えました。そのうちに、面には必ずエッジライン(稜線)があって、エッジラインが交差すると捻れが生じる、自分をくぐっていると捻れる、これって「結び目」って言うんじゃなかったかな、ということが分かってきたのです。いろいろ調べると結び目の表などが出てきてとても面白く感じました。

▼次に考える必要があるのは「コンピュータでの再現」である。

複雑な面をどうやってコンピュータで作ればよいか分からなかったので、最初は、結び目みたいな形を針金で作り、「アメリカンフラワー[*5]」を作るときに使うドルトンの樹脂に針金を浸して、どんな形が

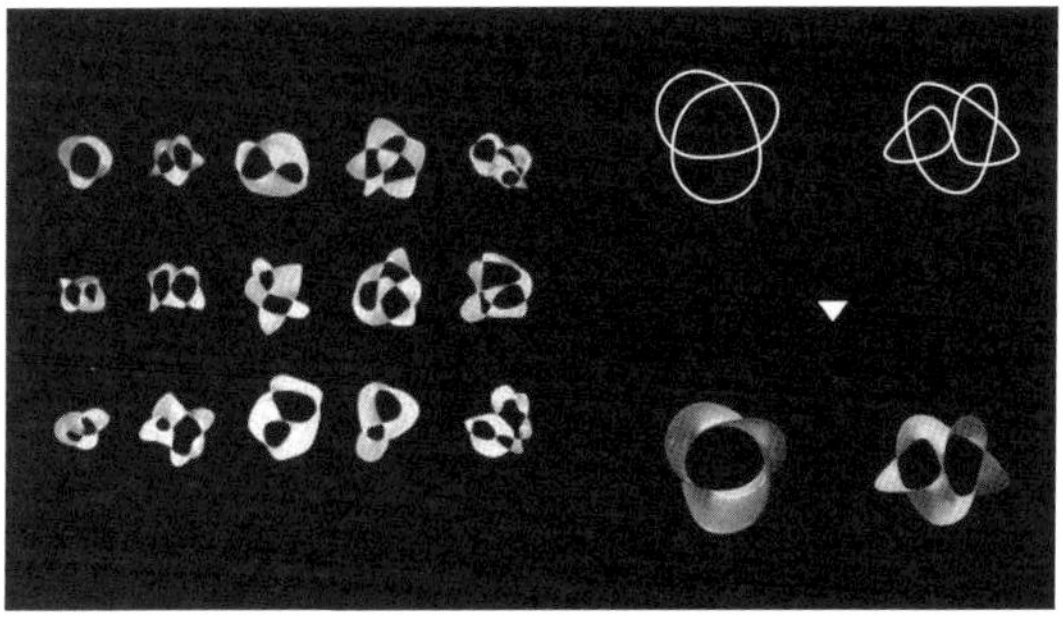

図A-5　樹脂で表現された結び目

できるか観察しました［図A-5］。

▼シャボン液を使った極小曲面の実験のような原始的な考察から、結び目の中で一つの輪に還元できるもの、還元できないものを学習していった平田氏。最後のプロセスは、実現に向けた「単純化」である。

作品自体は日本で作り、イタリアに運ぶことになりますので、コンパクトに収納できるようにしなければなりません。フレームを三次元曲げで作れば理想的な曲線ができますが、まったく現実的ではありませんので、輸送にも製作にも簡単である平面曲げの円弧だけを使用することに決めました。また、会場の広さや高さから今回は四種類の円弧を用いて、十二回の結び目を作り［図A-6、次ページ］、そこに布を張ることで三次元

＊4　Installation art。室内や屋外にオブジェや装置を置き、作家の意図に沿って空間を変化させて、場所や空間全体を作品として体験させる芸術のこと。

＊5　合成樹脂を使用した造花で、ワイヤーで作った枠を樹脂液に浸して膜をはることで花びらを作る。

的なスクリーンを再現しました。現実的な制約条件の中で、ある種の単純化が上手に重なると自分としては面白いと感じます。

▼以上のプロセスにより作られた作品が図A-7である。特にクリエーションのプロセスでは、かなり長い時間をかける。

何かを生み出そうというときは、通常一か月くらいは悩みます。逆にすぐにできるものは自分のすでに知っていることを当てはめてやっているだけなんです。それはあまり面白くないわけで、ずっと「なんだろうねー」と言いながら考えて、あるとき気づくというのが一番の理想です。最初のうちは言葉にならず、言葉にならないと人に聞けないというのがつらいところです。

▼阿原氏は、「ハイプレイン」使用の相談で平田氏に会う少し前に、インターネットでこの展示を見ており、まるで数学だと感じたという。

あまりにも基本を踏まえすぎているので、もしかしたら数学科出身の建築の方かなと思ったのです。取り扱うものが結び目を境界とする曲面という、結び目理論では非常によく現れる概念だったのです。大学で結び目を研究していてその知恵を借用しているのかと思っていました。今から考えると失礼な話ですよね（笑）。

▼この展示を見た一般の方の反応はどうだったのだろうか。

数学と気づく方はおらず、「これはどうなっているのですか」とよく聞かれます。「これは一本の結び目なんですよ」と言うと、端から指さしながら一周回って「たしかに全部繋がってる」という人が現れ

上｜図A-6　コンピュータで表現された12回の結び目
下｜図A-7《animated knot》[Photo by Nacása & Partners Inc.]

たりします。こちらとしても、そういうのが楽しかったり嬉しかったりしますね。

▼数学を系統的に仕入れる知識もない、数学者の知り合いもいない建築家から生み出されたこの作品。平田氏はつねに、形自体はすでにあるものなのかもしれないという認識で、その形をつかって何か新しい、良い関係性を作っていくという視点が、建築の根本にあるという。

この形をゼロから作ったというより、「映像がある」という条件のもとに、「映像を三次元的に感じたい」というような話のときに、この素材、この大きさで作るという状況と一体化した全体の中での幾何学、という捉え方が大きいと思います。通常、建築では使われないような考え方なども、違った視点で見てみると命が与えられる、そういう状態になればいいなと思うのです。

▼その中で、数学は建築家が思い描く曖昧な発想を明晰にする役割を果たす。

数学によって、見えなかったものが単純に見え始めるとか、ある状況や形とそこで起こることとの間にアンカーポイントがたくさんできてくるのです。数学への憧れや数学的な考え方、幾何学の原理に今まで何度も助けられました。形を作るためのツールとして数学がある一方で、理想としている状態を図式化したり、自分で把握しようとしたときに、こういうふうに考えたらよいのでは、という示唆を与えてくれるのです。

都市の将来像と数学

▼二〇一二年四月に開催されたミラノ・サローネでは、パナソニックとの協力のもと、インスタレーション《Photosynthesis》を展示した。パナソニックは太陽光発電のパネルと蓄電池とLEDの省エネルギーランプという、電気を「創る」「貯める」「使う」技術をすべて持つ企業である。その三つを組み合わせて何か関係性を表すことで、独自の技術として出していきたいというのが目標であった。

太陽光パネルは一般には二次元的に敷き詰められるものです。植物の世界で言えば敷き詰められたシバやコケが光合成をしているようなイメージですが、進化の過程では樹の葉のように三次元的な配置で光合成をして生き残ってきた種もあるわけです。太陽光発電もそのような進化の方向性があってもよいのでは、と考えました。

▼樹をモチーフにしたこの作品は、ミラノ大学の中庭に設置された［図A-8、185ページ］。パヴィリオンを太陽光パネルで作成し、昼間に発電された電力は蓄電池に貯められ、夜になると中庭の周りの回廊がLEDランプにより幻想的に照らされる。

発電を直射日光だけに頼る従来の方法ではなく、拡散光も考慮したこのような設置方法、一見とても無駄が多いように見えるが、実は多くのメリットもあるという。

一面に敷き詰めてしまうとその下は必ず日陰になってしまいますが、三次元的に設置すればパネルの下にも日光が当たり、草が生えます。また、一面に敷き詰める方式に最適化された製品を使っているので厳密な優劣はつかないのですが、シミュレーションを行ってみると、敷き詰めのときと比べて晴れの日の発電量は約八割、正午に曇っている日は三次元に配置する方が発電量が多かったのです。また、南側に設置する必要があるという方角の制約は緩和されます。

▼太陽光パネルを三次元的に設置するアイディアを設計に取り入れるに当たり、問題となったのは、どのような形で空中のいろいろな方向にパネルを浮かべればよいかという点である。

提供される太陽光パネルはすべて長方形で、枚数が五十枚でした。制作期間が二か月と少なかったため、自分たちで考えられる範囲の形に限定したのですが、面がいろいろな方向を向いている正四面体を考え、頂点を切った「切頂正四面体」の一面にパネルを貼ったものを一つのユニットにして、パヴィリオンを組み立てることを考えました。ただ、正四面体同士をそのまま貼り合わせてしまうとお互いが影になってしまうので、「とさか」のようなイメージで一方を90°回転させることにより、太陽光パネル上の影を減らし発電の効率を上げました。切頂正四面体なので必要となる面は二種類と単純で、ポリカーボネイト(PC)という透明なプラスティックの樹脂で製作しました。太陽光パネルの影しかないようにしたのです。四面体は「空間充填体」ではないので、少しずつずれて動きが出てくる点も面白いところです。

▼太陽光パネルの配置問題は、非常に数学的な問題だと感じたという。

今回は制約条件の関係で非常に単純化させてしまいましたが、太陽光発電は今後普遍的な問題になってくるので、もう少し数学的に考えてもいいのかなと思っています。建築は常に問題が個別なので、そ

図A-8《photosynthesis》[Photo by Santi Caleca]

れぞれの問題に対して普遍化させる理論が構築可能なのではないかと、いつも思っているのですが、現実では追求される機会が少ないのです。こういう問題についてもう少しじっくり考えることができたらと、いつも思っています。

▼このプロジェクトから見えてきたこと、それは、各分野の研究者・技術者との共同作業の必要性である。

太陽光パネルの技術者と問題意識が共有されれば、こういう発想が活きてくる可能性があるし、そのときに、技術者では考えられないようないろいろな枠組みを数学者が概念として提示することで、変わってくることがあるかもしれません。それは僕らにとっての街の姿と関係してくるので、建築にも結びつくなど、いろいろなものがいろいろな形で結び合ってるような気がします。

▼さまざまな視点から議論をするためにも、建築家や数学者だけではなく、生物学者や別の分野の技術者や、交通工学の専門家などが一堂に会し、一気に話し合われる場所が必要とされつつあるのではないかと指摘する。

東日本大震災後、新しくて有効な都市計画がまだ出てきていません。原発や瓦礫の処分問題など、さまざまな具体的条件の影響が大きいとは思うのですが、都市を創っていくさまざまなプロフェッショナルたちの新しい結びつきが、まだ起こっていないからというのもあると思います。数学を学んでいる方も、そういうところに興味を持っていただき、建築を学んでいる方と、将来的には垣根をなくして活動できるようになれば理想的ですね。そうした新しい考え方が十分に発展させられれば、「復興」の必要に直面してもあわてずに済むかもしれません。

▼最後に、これからの都市はどのように変わっていくと考えているのかお訊きした。

単体の建築物がどのように他とつながり、都市的にどう複合して働いているのか。あるいは、自然環境とどう絡まっているのか、という視点がもっと取り入れられていくと思います。たとえば交通で言えば、二十世紀には地上は車で水平に繋がり、建物の各階はエレベーターで垂直に繋がっていて、こうした単体のパッケージの中だけの効率が追求されてきました。現在、各企業で開発が続いている「パーソナルモビリティー」のような移動手段が普及すれば、都市の中の移動がもっと三次元的になるかもしれない。移動手段が変われば、おそらく別の建物の形が出てくる。都市に新しい概念が持ち込まれたときにそれをどういうふうに解いていくかというのは、別の次元の発想が必要で、そのときには数学的な考え方がかならず必要になると思います。すぐ成果を出すというのはなかなか難しいのですが、いろいろやってみると面白そうなことが今の時代にあると思います。

［二〇一二年五月一〇日談］

平田晃久

ひらた・あきひさ

1971年、大阪生まれ。

1997年、京都大学大学院工学研究科修了。一級建築士。

伊東豊雄建築設計事務所を経て、
2005年に、平田晃久建築設計事務所を設立。

2015年より京都大学に赴任し、現在、京都大学教授。

主な作品に《桝屋本店》(2006)、《sarugaku》(2008)、《Bloomberg Pavilion》(2011)、《Tree-ness House》《太田市美術館・図書館》(2017)、《9h Projects》(2018-)、《Overlap House》(2018)、《八代市民俗伝統芸能伝承館》(2021)など。

著書に、『Discovering New』(TOTO出版、2018年)、『建築とは〈からまりしろ〉をつくることである』(LIXIL出版、2011年)、『animated(発想の視点)』(グラフィックス社、2009年)などがある。

初出一覧

1　もっと社会に数学を／川上量生氏にきく（実業家、株式会社ドワンゴ）
［『数学セミナー』二〇一七年四月号］

2　「面白い」から「なぜ面白いか」へ／ユーフラテスにきく（クリエイティブ・グループ）
［『数学セミナー』二〇一八年五月号］

3　抽象的思考による詰将棋と文学／若島 正氏にきく（詰将棋作家、英文学者）
［『数学セミナー』二〇二〇年一月号］

4　泥臭さの産んだ世界地図／鳴川 肇氏にきく（建築家、慶應義塾大学）
［『数学セミナー』二〇一七年六月号］

5　科学への入口としての空想科学／柳田理科雄氏にきく（作家、株式会社空想科学研究所、明治大学）
［『数学セミナー』二〇一九年七月号］

6　医療と数理科学の間の翻訳者として／植田琢也氏にきく（画像診断医、東北大学大学院医学系研究科、東北大学病院AI Lab）
［『数学セミナー』二〇二一年九月号］

7　数学者，住職になる／上山大信氏にきく（住職、鯉原山浄泉寺、武蔵野大学）
［『数学セミナー』二〇二〇年三月号］

8　数学のために美大へ／名久井直子氏にきく（ブックデザイナー）
［『数学セミナー』二〇二〇年六月号］

9　数限りなき多面体の世界／有働　洋氏にきく（LAL-LAL株式会社）
［『数学セミナー』二〇二〇年一二月号］

付録

A　建築家・平田晃久氏が語る（建築家，平田晃久建築設計事務所）
数学的発想から生まれる建築のかたち
［『数学セミナー』二〇一二年七月号、インタビュータイトル改題］

数学《すうがく》にはこんなマーベラスな役立《やくだ》て方《かた》や楽《たの》しみ方《かた》があるという話《はなし》をあの人《ひと》やこの人《ひと》にディープに聞《き》いてみた本 3

2023年9月20日　第1版第1刷発行

編者　数学《すうがく》セミナー編集部《へんしゅうぶ》

発行所　株式会社 日本評論社
〒170-8474 東京都豊島区南大塚3-12-4
電話：03-3987-8621［販売］ 03-3987-8599［編集］

印刷所　精興社
製本所　難波製本

カバー＋本文デザイン　粕谷浩義（StruColor）
インタビュー写真撮影　中野泰輔（第6章、第9章、付録Aを除く）

ISBN978-4-535-79007-0